KB260837

이현수 교수의 **도시색채** 이야기

산

이현수 교수의 도시색채 이야기

사랑하는 아내 일하, 아들 여름에게

이현수 교수의 **도시색채** 이야기

글 사진 · 이현수 발행인 · 김윤태 발행처 · **도서출판 선** 북디자인 · 디자인이즈 등록번호 · 제15-201호 등록일자 · 1995년 3월 27일 개정판 1쇄 발행 · 2007년 10월 29일 주소 · 서울시 종로구 낙원동 58-1 종로오피스텔 314호 전화 · 02-762-3335 전송 · 02-762-3371 값 20,000원 ISBN 978-89-86509-89-2 93560

c·o·n·t·e·n·t·s

[빨강은
색채가 아니다.]

모차르트가 태어난 오스트리아의 짤스부르크에는 모차르트를 만나기 위해 세계 각 국에서 사람들이 모여든다. 고대 로마의 중심이었던 현재의 로마에도 로마의 영원성을 확인하기 위해 오늘도 많은 사람들의 발길이 끊이지 않고 있다. 세계 최대의 박물관으로 불리는 루브르 박물관이 있는 파리의 도시에는 예술적 낭만이 있어 많은 사람들을 즐겁게 한다. 하나의 작은 도시였던 스페인의 빌바오 시는 구겐하임 미술관을 건립함으로써 세계 속의 도시로 크게 부상하였다. 고층빌딩의 숲으로 둘러싸인 뉴욕은 현대 미술의 메카로서 세계미술을 주도하는 예술가들의 집단이 있는 곳이다. 동서로 나뉘었던 동서독을 통일 시킨 후 베를린은 다시 한번 세계를 재패하기 위하여 오늘노 많은 사람들이 구슬땀을 흘리며 새루운 도시 만들기에 한칭이다. 다루 선진 서구의 세계와는 달리 아무것도 하지 않아도 사람들을 끌어들이는 흡입력이 있는 이집트에는 가만히 있어도 그 자체만으로 사람들을 감동시킬 수 있는 유산이 있다. 항구의 도시로 유명하고 자유를 표방하고 있는 암스테르담은 사람들을 옛 추억의 공간으로 초대를 한다. 이러한 도시들은 지금도 세계 일등 도시의 위치를 차지하기 위하여 많은 노력을 경주하고 있다. 이런 도시들이 사람들에게 매력적인 것은 그 나름대로의 분위기와 정취를 자아내기 때문이다.

이들 도시는 이처럼 각자의 특성을 가지면서 많은 관광객들을 끌어들여 그 도시의 이야기를 들려주며 그 곳을 찾은 이들을 행복하게 만든다. 아울러 그 도시의 경제를 유지시키고 살리는 역할까지 한다. 이것이 요즘 이야기하는 도시 마케팅이다. 그 도시에 사는 사람들을 행복하게 만듦과 동시에 그 곳을 찾는 사람들을 행복하게 만들 수 있다는 것은 너무나 신나는 일이다. 인간은 누구나 행복해지기를 원한다. 진정으로 아름다운 도시란 사람들에게 충만된 행복을 선사하는 공간이어야 할 것이다. 그러한 공간을 사람들에게 제공하기 위해서는 그 도시나름대로의 이야기가 있어야 한다. 21세기의 미래 도시 방향은 문화를 꽃피울 수 있는 전략을 적극적으로 수용하는 것으로 설정되어야 할 것이다. 요즘 국내에서도 도시 마케팅의 중요성을 인식하고 세계의 사람들을 끌어들일 수 있는 도시를 만들기 위하여 많은 사람들이 관심과 노력을 보이고 있다. 그러나 몇 백년 아니 몇 천년동안 전통을 가꾼 나라와 경쟁하기에는 한국은 너무나 경쟁력이 취약하다. 그렇다고 해서 이대로 가만히 있을 수는 없다. 지금부터라도 아름다운 도시를 만들기 위하여 새로운 판을 짜는 것이 필요하다. 이러한 판을 짬에 있어 도시의 형태는 매우 중요하다. 그러나 도시의 형태만큼 색채도 중요하다. 어떻게 보면 색채는 그 효과를 쉽게 볼 수 있는 요소이다. 한국을 살아가는 사람들이 대부분 도시를 아름답다고 생각하고 있지는 않다. 그래서 아름다운 도시를 만드는데 있어서 색채를 사용하자는 것이 필자의 생각이다. 그래서 이 책이 탄생하게 된 계기가 되었다. 세계 각국의 환경색채를 살펴봄으로써 우리가 나아갈 방향을 정하고 아름다운 도시를 만듦으로써 대한민국의 행복지수를 높일 수 있을 것이다. 끝으로 이 책과 관련된 자료수집을 도와준 이승희와 손경애에게 감사의 말을 전한다.

또 이 책을 출판해 주신 김윤태 사장님과 열정적인 편집과 감각적인 디자인으로 책을 보다 좋게 만들어 주신 추정희 디자이너에게 감사를 드린다. 특히 환경색채와 도시에 대한 박영순 교수님의 많은 아이디어와 조언은 이 책을 내는데 큰 힘이 되었다.

GSW
Büroflächen
im Neubau
provisionsfrei
zu vermieten
ENGEL&VÖLKERS
20 34 60
parkasse
PALL MALL

01
환경색채와 도시

환경색채

베를린의 거리를 걷다 보면 여러 가지 물건들을 밧줄로 묶어놓은 듯한 거대한 설치 조각물을 만난다. 설치 조각물을 만든 작가가 여러 가지 잡동사니를 묶어 놓은 것은 이 세상에서 필요 없는 것들을 싸서 버리고 싶은 마음을 표현한 것일까? 세상은 따지고 보면 좋은 것과 나쁜 것이 공존한다. 우리가 보다 더 낳은 삶을 누리기 위해 버려야 할 것이 무엇인지를 작품으로 표현한 작가의 생각이 재미있다. 이 조각 작품이 사람들의 시선을 끄는 이유는 그러한 발상이 새롭기도 하지만 색채적으로도 강한 인상을 주기 때문이다. 색채는 우리의 눈을 효과적으로 끌어들이면서 여러 가지 상징적인 메시지를 전해 온다. 어떻게 보면 이 세상에 존재하는 모든 것은 색채와 형태로 구성되어 있다고 말할 수 있다. 결국 이 말은 색채 없는 사물이 없고, 형태 없는 사물이 없다는 것을 의미한다. 우리는 흔히 이성에 대비되는 것으로 감성을 이야기 한다. 이러한 관점에서 볼 때 형태는 이성적이고 색채는 감성적이다. 이 세상은 이성만이 존재하는 공간이 아니다. 이성과 감성이 공존하는 공간이다. 환경 색채는 자칫 잘못해 건조해지고 삭막해질 수 있는 환경에 생기와 활력소를 불어넣어 준다. 뿐만 아니라 특정 지역의 장소를 아름답게 만든다. 로스코가 말한 것처럼 색채만으로도 사람들을 감동시킬 수 있을 때가 있다. 색채는 색채마다 사람들을 감동시키는 힘을 갖는다. 또 색채는 분위기를 만들어 사람의 감정을

드룩 디자인의 조각

좌우하기도 한다. 색채는 형태 속에 담겨 있을 수 밖에 없기 때문에 겉으로 드러나지 않고 언제나 형태를 보완하는 역할을 한다. 그렇기 때문에 우리들은 그 존재를 거의 인식하지 못한다. 색채는 공기와 같은 것이다. 형태가 우리의 의식 속에 자리잡고 있다면 색채는 우리들의 무의식 속에 존재한다. 결국 이러한 의미에서 색채는 우리의 무의식 세계를 지배하고 그렇기 때문에 조금 더 본질에 가까운 것인지도 모른다. 다른 것을 차치하고라도 색채는 우리 인간을 즐겁게 만들기도 하며 슬프게 하기도 한다. 우리의 감성에 많은 영향을 미치기 때문에 색채는 매력적이다. 그 동안 세계의 많은 도시들은 저마다 색채를 써 왔다. 그 중에서 많은 사람들에 의해 회자되는 도시가 여러 곳이 있지만 그 중에서 카프리 섬의 주택과 샌프란시스코의 도시는 우리에게 깊은 인상을 남긴다. 카프리 섬은 이탈리아의 남쪽에 위치한 섬으로 이탈리아 중에서도 많은 사람들의 발길이 닿는 장소이다. 카프리 섬의 바다의 색도 아름답지만 그 섬에 세워진 하얀 색의 주택들은 우리들의 눈을 사로 잡는다. 빛을 많이 받는 지역에서 특히 지중해 지역에서 많이 찾아볼 수 있는 주택은 우리들의 마음을 순수하게 만들기까지 한다. 그렇다면 지중해에 모여 사는 사람들이 흰색의 주택을 지은 이유는 무엇일까? 아마도 강한 태양빛을 반사하고 푸른 바다와 어울려 평온한 이미지를 만들기 위해서 였을 것이다. 흰색과 파란색의 조합은 상쾌하고, 시원하며, 평온한 느낌을 만들기 때문이다.

카프리 섬의 흰색 주택　　　　　　　　　　　　샌프란시스코의 도시전경

GSW 빌딩, 베를린

두오모 성당, 피렌체

카프리 섬의 하얀 주택 말고도 색채로 유명한 건물에는 베를린의 GSW 건물, 피렌체의 두오모 성당과 동독 거리의 코이프호프 갤러리아 등이 있다. 이 중에서 GSW 빌딩은 정작 건물에는 적극적인 색채를 쓰지 않으면서도 인상적인 색채 이미지를 만든다. 이 건물은 커튼의 색을 이용하여 활기찬 건물 파사드를 보여준다. 코이프호프 갤러리아는 마치 멋진 옷을 차려 입은 여인과 같다. 피렌체의 꽃의 두오모 성당은 이슬람의 색으로 아름답게 채색되어 화려함의 극치를 보여준다.

어떻게 생각해 보면 요즘 시대는 세계화에 대한 반작용으로 문화에 대한 것을 많은 사람들이 강조하고 있다. 저마다 도시의 특성을 내세우면서 세계최고의 도시, 세계 일류의 도시, 세계문화의 중심지가 되기 위해 치열한 경쟁을 벌인다. 이러한 도시들 가운데에서도 베르사이유, 폼페이, 시카고, 로테르담, 베를린, 테베, 파리 등은 빼놓을 수 없는 훌륭한 도시

코이프호프 갤러리아, 베를린

들이다. 과연 이들의 도시와 경쟁해서 우리의 도시가 보여 줄 것은 무엇인가? 루이 14세가 건립한 베르사이유 궁전은 그 화려함과 거대함 때문에 많은 사람들이 찾고 있는 관광의 명소이다. 그 당시에는 사치와 향유에 빠졌던 절대 왕정 루이 14세가 사람들의 지탄을 받았지만, 오늘날 루이 14세 때문에 많은 관광수입을 벌어들이는 그 후손들을 볼 때, 역사적 아이러니를 느끼지 않을 수 없다. 폼페이는 79년 베수비오 화산의 폭발로 멸망한 도시이다. 시카고는 세계 최고층의 빌딩을 자랑하는 건축 문화와 재즈의 도시이다. 암스테르담이나 로테르담은 물을 풍부하게 볼 수 있는 자유의 도시이다. 통일 독일을 맞이한 후 수도가 된 베를린은 지금도 도시 재건 사업이 이루어지고 있는 세계 최고의 건축가들이 각축전을 펼치는 장소이다. 베

베르사이유 궁전 정원

폼페이

시카코 존 핸콕 센터

를린의 국회의사당, 소니 센터, 베를린 돔, 베를린 필하모니는 도시의 랜드마크로 유명한 건축물들이다. 이렇게 많은 나라에서 자국의 문화가 드러난 도시문화를 만들기 위해 많은 투자와 노력을 아끼지 않고 있다. 그렇다면 우리는 이런 나라들과 어떻게 경쟁해야 할까? 조상을 잘 만나 정신적으로 풍요로운 이집트는 별다른 노력 없이도 세계 최대 관광국의 위치를 차지하고 있다. 예를 들어, 이집트에는 피라미드와 거대한 스핑크스만으로도 세계인을 끌어들일 수 있는 흡인력이 있다. 이집트 사람들의 생활신조는 세글자의 IBM으로 표현되기도 한다. 여기에서 I는 인샬라, B는 부끄라, M은 말리시이다. 인샬라는 '신의 뜻대로' 라는 뜻이고, 부끄라는 '내일' 을 의미하며 말리시는 '괜찮다' 라는 뜻이다. 이말은 이집트인들이 세속에 물들지 않고 또 현실을 그대로 수용하는 긍정적인 생각을 갖고 있음을 반영하고 있는 듯하다. 서구문화에 물들어 앞만 보고 직선적으로 마치 터널을 통과하듯이 살고 있는 현대인들에게 삶을 뒤돌아보게 하는 그런 매력이 이집트에 있다. 이집트는 세계문화의 보고이며 인류문화의 뿌리이기도 하다. 여하튼 이집트의 환경 색채는 사막이라는 땅과 많은 관계가 있다. 돌로 만들어진 많은 신전들은 갈색의 영원성을 자랑한다. 룩소르 신전, 카르낙 신전, 아부심벨은 이집트를 대표하는 신전들이다.

환경 색채를 결정하는 요인으로 지역의 자연적 특성과 기후적 특성, 문화적 특

두오모성당 앞, 피렌체　　　　　　　　　　이집트 카이로의 편의점

성을 빼놓을 수 없다. 사람들은 환경의 많은 영향을 받으면서 산다. 색채는 그 환경을 구성하는 중요 요소이다. 옛날의 르네상스만큼이나 21세기는 인간을 중요하게 받아들이고 있는 시대이다. 특히 911 테러 사건은 세계 사람들을 허무와 혼란에 빠져들게 하였다. 이와 같은 허무감은 사람에 대한 존재의미를 심각하게 생각하게 만든다. 정보혁명의 시대는 신르네상스 시대를 도래시키려는 방향으로 추진되고 있는 듯하다.

인간을 중요하게 생각하는 풍조는 감성을 중요하게 생각하게 만들었으며, 더 나아가 사람들의 체험을 중요하게 생각하게 하였다.

요즘 시대에 요구되는 환경으로 즐거움의 체험을 제공하는 장소를 빼놓을 수 없을 것이다. 환경은 사람들을 긍정적인 생각과 더불어 창의적인 생각을 자유롭게 할 수 있도록 디자인되어야 한다. 따뜻한 계열의 색은 사람들을 행복하게 만드는 경향이 있다. 사람들에게 즐거움을 주고 또한 사람들을 많이 모으는데 색채는 중요한 역할을 한다. 르 꼬르뷔제가 설계한 파리의 브라질 기숙사와 같은 원색의 환경색채는 우리나라의 실정에는 잘 안맞는 것 같다. 특히 절대정신을 강조했던 그 당시의 가치체계가 오늘날 우리가 받아 들이기에는 문제가 있어 보인다. 그 당시에 추구했던 순수라는 시대 정신을 추구하다 보면 인간을 크게 배려하지 않게 된다. 아무리 좋은 절대성이라고 해도 사람의 심리를 고려하지 않은, 다시 말하자면, 인간이 어떻게 색채에 반응하고 어떤 색채에 즐거움을 느끼는지를 생각하지 않는 환경은 인간을 위해 유익해 보이지 않는다. 좋은 환경 색채란 사람들에게 즐거움을 주고 삶의 의욕을 넘치게 하는 색이다. 그러한 즐거움을 주기 위하여 이제부터라도 우리는 색채

유럽의 도시색채

에 대한 많은 관심을 가져야 할 것이다. 우리나라의 환경 색채에는 색을 깊이 있게 전문적으로 다루지 않는다는 문제점이 있다. 도시문화, 도시의 삶은 우리에게 무척이나 중요하다. 색채는 우리의 시선을 압도하기도 한다. 또 우리의 삶에 많은 영향을 미친다. 그렇다면 좋은 환경색채는 무엇인가? 그 답을 쉽게 찾을 수 있을 것처럼 보이지 않는다. 그러나 유럽의 도시색채를 조명해 보는 일은 답의 실마리를 찾는데 도움이 될 듯 싶다.

유럽의 도시색채

색채와 도시

이집트라는 나라는 우리에게 너무나 먼 나라로만 느껴진다. 지리적으로도 멀지만 심리적으로는 더 먼 나라가 이집트이다. 유럽과 비슷한 거리에 있음에도 불구하고 유럽을 여행 한 사람은 많지만 이집트를 다녀 온 사람을 찾기는 힘들다. 유럽은 잘 사는 나라이고 이집트는 못사는 나라이기 때문일까? 아니면 문화적으로 우리와 맞지 않기 때문일까? 어떻게 보면 우리는 이집트를 지배하는 이슬람 문화를 잘 모르며 이해하려는 노력도 소홀하게 하는 편이다. 잘 사는 나라를 일반적으로 우리는 돈이 많은 나라라고 생각한다. 그러나 잘 사는 나라를 돈이 많은 나라라고 생각하는 것은 잘못된 것 같다. 이 세상에는 돈이 없어도 잘 사는 사람이 얼마든지 있다.

이집트는 돈이 없어 우리들에게 못사는 나라로 비춰지지만 정말 잘 살고 있는 나라가 이집트일지도 모른다. 어떻게 보면 잘 산다는 것은 자기가 하고 싶은 대로 멋대로 사는 것이 아닐까? 멋대로 살기 위해서는 자유가 있어야 한다. 자유라는 것은 어떤 것에 구속받지 않고 집착하지 않는 것이다. 우리는 살아가면서 많은 집착을 해왔고 현재에도 무엇인가에 집착하고 있고 미래에도 수많은 것에 집착하게 될 것이다. 정말 마음 편하고 행복하게 사는 것은 집착을 버리는 일일 것이다. 우리는 출세하기 위해 그리고 1등 하기 위해 집착한다. 좋은 옷을 입고 좋은 음식을 먹기 위해 집착한다. 남보다 인정 받고 더 높은 자리에 올라가기 위해 집착한다. 그러나 이러한 것을 아낌없이 다 던져버릴 수 있을 때 완벽한 자유를 얻을 수 있으리라. 그러나 아이러니컬하게도 이처럼 완벽한 자유를 얻기란 쉽지가 않다. 그래서

카르낙 신전, 테베, 이집트

현실사회에서 자유를 갈구하고 죽은 후에 완전한 자유를 얻기 위해 인간은 신에게 의지한다. 이집트인들은 자기 자신들을 보호하기 위해 오벨리스크를 세웠다. 오벨리스크는 하나로 세워지지 않고 두 개가 한쌍을 이루는 것이 정상이다. 아쉽게도 이집트에는 한 쌍의 오벨리스크가 남아 있는 곳이 한 군데도 없는 듯하다. 그 이유를 파리의 콩코드 광장의 오벨리스크에서 쉽게 찾을 수 있다. 이집트를 정복한 국가들에 의해 오벨리스크가 이집트 바깥으로 방출되었기 때문이다. 콩코드 광장의 오벨리스크는 룩소르 신전에서 옮겨온 것이다. 앞으로 세월이 지나게 되면 오벨리스크도 제자리를 찾아 이집트로 돌아갈 수 있을까? 오벨리스크는 인간의 희망을 담은 매개체로서 인간을 신에게 연결시켜주는 통로의 역할을 한다. 이러한 희망을 기원하고 사후 세계에서의 부활을 꿈꿔오던 파라오가 있으니 그가 람세스 2세이다. 람세스 2세의 거대한 조각상은 이집트 남단의 아스완 아부심벨에 있다. 거대한 돌의 아부심벨의 조각상은 세월의 풍파 속에 연연히 이어져 내려온 갈색의 색을 자랑한다. 오랜 세월동안 퇴색되어 온 조각상의 색에서는 시간 앞에서 무력할 수 밖에 없는 인간을 생각하게 된다. 이집트의 파라오에게 있어 화려한 색채는 많은 사람들에게 왕권을 과시하는데 중요한 역할을 하였다. 언제부터 이러한 화려한 색을 버리고 무채색을 사용하게 되었는지는 정확하게 알 수 없지만 아마도 그 시점은 근대혁명 이후부터가 아닐까 싶다. 이집트를 통치한 여러 파라오중에서 하트셉수트는 남장을 한 여자 파

아부심벨, 아스완   이집트 벽화

라오로 유명하다. 양쪽 팔을 X자로 하고 있는 것은 사후세계를 관장하는 오시리스를 상징한다. 사후 부활되어 영원을 얻으려는 인간의 염원이 잘 깃들여 있는 조각상이 바로 하트셉수트 조각상이다. 이집트에는 많은 벽화와 조각상이 있다. 그러한 벽화 속에 나타나는 색에서 그 당시 이집트 사회에서는 색을 화려하게 이용했음을 알 수 있다. 이집트인들은 빨강과 초록을 즐겨 사용했다. 동서양을 떠나서 빨강색은 피를 상징하기 때문에 생명을 상징한다. 거대한 사막의 초원을 보여주고 있는 초록색 또한 생명의 색이다. 이러한 특성은 이집트인들로 하여금 빨강과 초록을 사용하게 만들었다. 생명을 수호하고 지하 세계를 인도하는 조각상으로 우리는 스핑크스를 머리에 떠올린다. 기자의 스핑크스는 카프레 피라미드와 함께 있다. 카프레 피라미드 앞에 세상을 다 아는 것처럼 앉아 있다. 스핑크스의 높이는 20m, 전체 길이는 57m에 달한다.

로마를 떠올릴 때 생각나는 것이 많이 있지만 그 중에서 '영원성'이나 '위대성'은 금방 마음 속에 떠올릴 수 있는 말이다. 그러나 로마의 위대성은 이집트에 비하면 아무것도 아니다. 로마를 서구문명에서는 크게 부각시키고 있지만 로마를 탄생시킨 문명의 원류를 이집트 문명에서 찾게 된다. 즉, 이집트 문명은 세계의 문화를 발전시킨 원동력이다. 피렌체의 산 마르코 주변 갈라리아 델 아카데미아에는 미켈란젤로의 다비드상이 있으며, 밀라노에는 고딕 건축을 대표하는 밀라노 대성당이 있

하트셉수트 여왕   기자의 스핑크스

밀라노 대성당

다비드 상, 피아체 델라 시뇨리아, 피렌체

베니스 광장의 두칼레 궁전

로마의 베드로 광장

다. 다비드(1504)는 거인 골리앗을 죽인 성서의 영웅이다. 현재 다비드상이 있었던 원래 자리인 피렌체의 피아차 델라 시뇨리아에는 복제품이 서 있다. 진품은 안전상의 문제 때문에 갈라리아 델 아케데미아로 옮겨 졌다. 베니스의 광장에는 화려한 두 칼레궁전이 있다. 이러한 건물들은 이태리의 색을 느끼는데 단초가 되는 대표적인 건물이다.

네덜란드는 좁은 면적에 밀도가 높은 도시이면서도 사람들이 함께 사용할 수 있는 공유 공간을 많이 만드는 나라이다. 특히 한 폭의 그림을 보는 듯 물과 건물이 어우러져 있는 암스테르담은 여행객의 마음을 무척이나 들뜨게 한다. 강가의 건물들은 여러 가지 색상으로 화려하거나 아니면 파란색과 대조되는 흰색의 건물이 많다. 세계 도시 중 유일하게 마약을 허용하는 도시인 암스테르담의 자유로운 분위기가 있

암스테르담의 주택가　　　　　　　　　　　　　　　　　　암스테르담의 수상 주택

었기에 고흐나 렘브란트와 같은 화가가 나올 수 있었을 것이다.

자유의 도시이면서 예술의 도시로서 파리를 빼 놓을 수는 없다. 파리에는 유유히 흐르는 센강이 있다. 센강을 중심으로 파리는 발전하였다. 파리가 우리에게 매력적인 것은 중세라는 과거와 현재와 미래를 모두 다 담고 있는 도시라는 점 때문이다. 센강을 중심으로 발달한 인간적 삶의 낭만이 도시 전체를 채우고 있어 파리를 다시

시테섬, 파리　　　　　　　　　　　　　　　　　　루브르 박물관 주변거리

찾게 만든다. 과거와 미래를 동시에 볼 수 있는 파리는 여러번 와 봐도 우리의 기분을 좋게 만든다. 운치 있는 파리의 거리를 걷는 것은 빼놓을 수 없는 여행의 즐거움이다. 파리의 낭만성에 도전하는 건물로 에펠탑과 퐁피두 센터는 파리 사람들이 건물의 건립을 무척이나 반대했다. 특히나 퐁피두 센터는 철골과 유리가 주는 차가움 때문에 파리의 분위기에 맞지 않는다고 많은 시민들이 건물의 건립을 반대했다. 그러나 퐁피두 센터는 프랑스 대혁명 200주년을 기념하여 문화 도시 파리를 표방하여

세운 건물이다. 이 건물에 사용된 파랑, 빨강, 노랑 색의 원색은 사람의 시선을 끌기에 충분하며 프랑스 국기를 상징하기도 한다. 사람들을 많이 모으기 위해서는 흡입력이 강해야 한다. 흡입력은 강렬한 색에서 올 수도 있다. 아무런 생각없이 지어진 건물이 공간 흡

퐁피두 센터, 파리

라 데 팡스

루이뷔통의 상점이 있는 샹제리제거리

입력을 갖기는 어려운 일이다. 파리의 현대식 건물이 모여있는 곳이 라데팡스 지역이다. 깨끗한 현대식 건물이 들어선 라데팡스는 왠지 마음에 와 닿지 않는다. 그것은 아마도 세월의 발자취를 라데팡스에서 많이 느끼기가 쉽지 않기 때문이다. 어떻게 보면 아름다움이라는 것은 세월이 할퀴고 간 풍상의 흔적이 있을 때 진정으로 느낄 수 있는 것 같다. 만약 그런 세월의 흔적을 보여줄 수 없다면 다른 무엇으로 사람들을 불러 모아야 할것이다. 현대식 건물이 즐비하면서도 많은 사람들을 모으고 있는 곳이 샹제리제 거리이다. 샹제리제 거리는 샹송 '오 샹제리제' 때문에 더 유명해진 것 같다. 샹제리제 거리는 많은 상점이 즐비해 있는 쇼핑의 장소로도 유명하다. 샹제리제에는 명품점이 많이 있으며 차를 마시고 즐길 수 있는 노천 까페가 많다. 활기가 넘치는 장소에는 언제나 활기차고 생동감 있는 다양한 색이 있다. 다시 말해 광장과 같이 사람들이 많이 모이는 곳에는 다양하고 따뜻한 색이 있다. 사실 살기 좋은 도시라는 것은 건물과 함께 시장, 광장, 공원 같은 쉼터가 있는 도시이다. 쉼터는 다양한 이벤트가 일어나는 장소이며 초록이 우거진 장소이다. 도시 환경 속의 녹색은 무채색이 많이 있는 도심 속에서 영원한 휴식처를 제공하는 활력소 역할을 한다. 파리의 드골 공항이 첨단의 과학기술을 이용한 현대성을 강조한다면 노트르담의 대성당은 영혼의 안식처를 강조한다. 노트르담 대성당은 파리인들의 정신적 공간이며 인간이

신과 만날 수 있는 공간이기도 하다. 노트르담 대성당은 파리의 중심부인 시테섬에 서 있다. 1330년 완공되었으며 고딕 건축의 걸작이다.

전쟁 때문에 거의 모든 것을 잃었지만 새로운 희망을 갖고 세계 속의 도시를 만들기 위해 공사를 한창 진행 중인 곳이 독일의 베를린이다. 동독과 서독의 경제적인 격차는 크다. 요즘 통일 독일을 회고하면서 건방진 서독인, 게으른 독일인이라는 말이 나오고 있다. 아직까지 서독은 부자동네로 깨끗한 거리로 활력이 넘치지만 동독에는 전쟁이 남기고 간 폐허를 보여주고 있는 곳이 많다. 베를린은 모든 것을 새로운 것으로 교체하고 있다. 우리나라의 단군신화에 나오는 동물이 곰인것처럼 베를린시가 표방하는 동물은 곰이다. 도시의 상징적인 동물을 갖는다는 것은 그만큼 도시의 정체성을 강화시킬 수 있다. 베를린이라는 도시가 현대적이서 그런지 아니면 독일인의 사고방식이 드러나서인지 모르겠지만 베를린의 도시는 아직 삭막하고 경직된 느낌이다. 그러나 현재 베를린은 미래를 위한 힘찬 도약을 하고 있다. 많은 세계의 유명 건축가를 모아 짓고 있는 세계적인 건물 색에는 브라운 계통의 따뜻한 색이 많다. 어찌보면 이것은 건축물의 형태가 주는 차가움을 브라운의 전통색으로 부드럽게 순화시키려는 의도가 담겨 있는 것 같기도 하다. 현대적으로 지어지면서도 고풍스러운 느낌을 주기 위해 갈색의 따뜻한 계열의 색채로 통일되는 베를린을 독일인은 꿈꾸고 있는 것 같다. 어떤 도시이건 도시 답기 위해서는 도시는 문화성이라든가 전통성이나 역사성을 보여줄 수 있어야 한다. 새로운 색채, 새로운 건물이지만 전통성을 보여주려는 시도가 베를린에 있다.

베를린 시내　　　　　　　　베를린의 버스　　　　　　　　베를린의 소니센터, 포츠다머 플라츠

환경색채의 구성

시카고의 거리를 걷다보면 자연스레 하늘 높이 치솟은 고층건물을 보게 된다. 시카고에는 시어즈 타워, 존 핸콕 센터를 비롯한 많은 고층건물들이 있다. 그 중에서도 미스 반 데 로에의 레이크 쇼 드라이브 아파트는 근대 공동주거의 획을 긋는 기념비적인 건물이다. 요즘은 각국마다 도시 문화 마케팅이라는 이름 하에 여러 도시들을 특색있게 만드려는 많은 노력을 한창 진행중이다. 시카고는 이러한 관점에서 보았을 때, 도시문화 흡입력이 큰 도시 중에 하나이다. 도시를 만들 때 도시다움이라는 것은 중요한 디자인의 키워드이다. 그렇다면 도시다움이라는 것은 어떻게 만들어지는 것일까? 그것은 사람들의 활기찬 움직임이 연상되는 가로경관일 수 있으며 가로경관을 구성하는 건물 하나 하나의 파사드일 수 있다. 건물 각각은 저마다 그 안에서 기둥이나, 창, 문과 같은 구성요소를 갖고 있다. 물론 바깥에서 볼 수 없는 실내공간에도 우리들에게 영향을 미치는 시각적인 요소들은 많다. 색채 디자인을 할 때 있어서 이와 같이 가로 레벨, 건축 레벨, 파사드 레벨, 건축 요소 레벨 등의 위계적 관점에서 생각하는 것은 색채 디자인을 보다 체계적으로 하기 위해 필요하다. 이와 같은 위계적인 차원은 색채를 계획하는데 있어서 항상 생각하여야 한다. 엄밀하게 말해, 환경 디자인을 어떻게 하여야 한다는 공식이나 원칙은 존재하지 않는다. 또 일반적으로 정부가 나서 색채의 사용을 규제하지도 않는다. 단지 정부의 정책상 필요한 경우에만 색채계획에 관해 규제할 뿐이다. 예를 들어, 베니스와 같은 도시에서는 건물의 외관을 마음대로 고칠 수 없다. 물론 이러한 경우는 로마도 예외가 아니다. 색채는 주관적이어서 사람마다 느끼는 특성이나 정도가 다르다. 그렇기 때문에 색채 디자인을 공식화 한다거나 객관화시키는 것이 불가능하다. 그러나 일반적으로 받아 들여지는 색채나 색채 디자인의 방향이 있다.

도시의 가로경관은 사람들에게 무엇보다도 시각적인 즐거움을 줄 수 있어야 한다. 그러한 즐거움과 더불어 걸어가면서 사색할 수 있는 시각적 자극이 있다면 더욱 좋을 것이다. 걷고 싶은 거리! 이것은 우리가 꿈꿔 왔던 것이다. 시카고의 고층건물 숲을 거니는 재미도 쏠쏠하지만 유명 건축가가 설계한 로비 하우스가 있는 길을 걷는 것도 남다른 재미가 있다. 로비 하우스는 하우스 내에 거주하고 있는 사람들이 거리를 걷는 사람을 보면서도 거리를 걷는 사람들은 집안에서 거주자가 보고 있다는 것을 눈치 채지 못하게 디자인한 주택으로 유명하다. 로비 하우스는 프랭트 로이드 라이트가 설계한 주택으로서 수평성을 강조하고 그것을 위해 캔틸레버를 도입시킨 주택이다. 소위 초원주택이라고 불리우는 프래리 주택의 절정판이 로비 하우스이다. 그러한 절정의 순간에 사랑하는 연인과 미국을 떠나 유럽으로 여행을 떠났기 때문에 프래리 주택이 더 이상의 발전할 수 없었던 것은 안타까운 과거이다. 만약 프랭크 로이드 라이트가 그 당시 미국을 떠나지 않았다면 더 많은 프래리 하우스를 세웠을 것이고 더욱 더 건축은 발전할 수 있었을 것이다. 가로경관에서의 환경 색채를 위해서는 주변건물도 생각하고, 필요하다면 그 지역의 토양의 색도 고려하여야 하는 경우가 많다. 환경색채 계획을 위한 명확한 원칙이 없지만 주변 환경과의 조화, 주변 건물과의 관계성을 생각해야 하는 것은 환경색채에서 빼놓을 수 없다. 그러나 건물이 주변환경과 조화를 이루어야 한다고 생각하면서도 실제로는 주변환경과 조화를 이루는 건물을 활발하게 짓고 있지는 못하다. 이 말은 사람들은 이론적으로 이야기 할 때 주변환경과 조화를 이루어야 한다고 말하면서도 정작 자신의 경우에는 주변환경

프랭크 로이드 라이트의 로비 하우스   로비 하우스의 측면

과 차별화를 이루는 건물을 지으려고 하기 때문이다. 르 꼬르뷔제의 유니떼 따비따 시용은 공동주택의 프로토타입으로 유명하다. 유니떼 따비따시용이 유명한 이유는 르 꼬르뷔제가 제안한 필로티, 수평창, 자유로운 입면, 옥상정원, 수평 띠 등의 근대 건축 5원칙을 완벽하게 적용하고 있는 건물이기 때문이다. 근대건축 5원칙을 완벽 하게 적용시킨 또 다른 건축물이 바로 파리대학 기숙사촌의 브라질 기숙사이다. 브 라질 기숙사의 건물에서 보는 것처럼 르 꼬르뷔제는 초록, 빨강, 노랑 등과 같은 원

르 꼬르뷔지에 브라질 기숙사

유트레흐트 거리

색적인 색을 건물에 사용하였다. 이것은 주변의 환경을 고려했다기 보다는 주변과 대조되는 건물 을 설계했다고 보는 것이 맞을 것이다. 이 당시 살 았던 사람들이 분명 이러한 접근을 적절한 것으로 받아들였지만 세월이 지난 오늘날에는 이것을 옳 은 것만으로 받아들이고 있지는 않다. 일반적으로 환경색채는 주변환경을 고려하여 계획하는 것이 좋다. 좋은 환경색채란 이처럼 주관적인 판단과 객관적인 판단이 조화를 이루고 있는 색채이다.

　　이러한 관점에서 보았을 때, 훌륭한 도시경 관을 만드는 도시들은 많이 있다. 이 중에서 네덜 란드의 유트레흐트 시에서 중세의 이미지가 물씬 풍기는 분위기가 있는 도시를 만들기에 만들기에 충분한 색채를 찾을 수 있다. 유트레흐트 도시의 거리는 중세 거리의 느낌을 주면서도 현대적으로 치장된 많은 상점들로 활기가 가득차다. 그러면서 도 우리의 시선을 사로잡는 교회 건물이 있고 사 람들이 쉬어갈 수 있는 수공간이 유트레흐트에 있 다. 그래서 유트레흐트 나름의 특색있는 분위기가 사람들을 유혹한다. 그리 가볍지도 않고 무겁지도

않은 그런 재미가 있는 유트레흐트에는 시간의 무
게와 함께 인생의 무게가 있다.

　이집트의 카르낙 신전으로 들어가는 입구는
시간이라는 거대한 고대성이 이곳을 찾는 사람들
을 압도 한다. 이러한 점에서 장소 장소마다 땅의
정신을 가졌다는 말이 실감이 난다.

　도시의 길에서 우리는 역사적인 정취를 느
끼기도 하고 현대적인 분위기를 느끼기도 한다.
역사적인 것과 현대적인 것이 공존하는 거리는 우
리들에게 흥미를 준다. 현대적인 느낌이 물씬 풍
기는 거리는 MVRDV가 설계한 보르네오 하우스
의 거리가 있다. 수상도시를 상징하듯이 보르네오
하우스 문 앞까지 물이 들어온다. 보트가 있는 풍
경에는 이색적인 분위기가 만연하다. 이색적인 분
위기는 재미가 있다. 보르네오 하우스가 더욱 더
감동적인 것은 주택 하나 하나가 모두 다르는 점
이다. 집집마다 다른 디자인을 해서 경제성은 부
족하지만 그대신 다양성이 보르네오 하우스에는

유트레흐트 거리

누비안 빌리지, 이집트

보르네오 하우스가 있는 거리, 암스테르담

수상의 보트와 주택

있다. 우리나라처럼, 경제성을 강조하여 똑같은 주택을 여러 채 짓지 않는 것은 네델란드가 우리와 다른 점이다.

로마의 거리　　　　　　　　　　　밀라노의 거리　　　　　　　　　　　베를린의 거리

　　　네델란드는 다른 도시처럼 그렇게 오랜 역사적인 건물이 많이 소재해 있지는 않다. 역사적인 건물이 많은 도시가 로마, 밀라노, 베를린이다. 이러한 나라에서 역사와 전통을 고려하여 환경 색채를 결정하는 것은 지극히 당연한 일이다. 세월을 거슬러 올라갈 수 없게 한 것은 신이 우리에게 준 운명이다. 그렇기 때문에 과거가 존재하는 거리는 어떤 거리든 우리의 가슴을 뭉클하게 한다.

　　　이태리의 도시들이 역사적이라면 파리나 베를린은 역사적임과 동시에 현대적이다. 현재 베를린은 현대적인 느낌이 나면서도 전통적인 느낌이나 따뜻한 느낌이 나는 건물들을 짓고 있다.

　　　파리의 샹제리제 거리에는 카페가 많다. 또 명품이 있는 거리이다. 샹제리제 거리는 프랑스 대혁명의 기념식이 치러지는 장소이다 샹제리제라는 말처럼 현대인들에게 행복을 주는 거리이다. 바다에 근접한 도시답게 샌프란시스코에는 아이보리색의 경쾌함이 있다. 이렇듯 모든 도시에는 나름대로의 색채가 있다. 나름대로의 색채를 갖는다는 것은 도시 정체성에 있어서 무척이나 중요하다. 도시의 정체성은 도시의 브랜드를 만들며 도시의 경쟁력을 만든다.

　　　로마에는 세상에 내놓을 만한 것들이 무수히 많다. 예를 들어 콜로세움은 그

베를린 거리

규모와 함께 검투사의 이야기로 유명하다. 콜로세움은 5만 5,000명의 관람객이 들어갈 수 있는 원형극장으로 72년 베스파시아누스 황제가 세웠다. 로마에는 역사적인 건물들이 고색창연하게 들어서 있다. 역사를 알아 간다는 것이 인생의 의미와 자기자신을 찾아 가는 여정임을 바로 로마에서 확인할 수 있다.

베를린에는 앞서 이야기한 것처럼 새로운 건물들이 많이 들어서고 있다. 국회의사당 건물은 예전에 공산당이 쓰던 건물이었다. 1996년 노만 포스터가 설계한 국회의사당의 돔을 보려고 많은 관광객들이 이곳을 찾는다. 라이크 스탁으로 불리우는

상제리제 거리   센프란시스코

로마의 콜로세움　　　　　　　　　로마의 주택　　　　　　　　　파나코테카 디 브레라, 밀라노

국회 의사당은 장 클로드라는 설치 조각가가 천을 뒤집어 씌우는 예술활동을 벌인 건물이기도 하다. 또 알도 로시가 설계한 집합주택은 채도가 높은 색으로 베를린의 가로경관을 주도하고 있다. 초록, 노랑, 빨강 등이 어우러진 집합주택은 거리를 거니는 사람의 시선을 모으기에 충분하다. 더욱이 초록이란 색이 이집트인의 색이면서도 이태리의 상징색이라는 것을 알게 되면 이 건물을 다시 보게 된다. 이처럼 강렬한 색을 사용하는 건축가의 실험정신을 받아들인 베를린인들은 어떤 사람들일까? 색채는 아니었지만 수십 개의 발코니를 만들어 유명한 건축물이 된 보조코 하우징, 흰색의 순수성이 돋보이는 사보아 주택, 초록을 주조로 하는 라데팡스의 복합건물, 노랑을 사용한 스위스의 대학 기숙사, 시카고의 출판건물 등은 그 하나하나가 저마다의 색채를 자랑한다. 우리나라의 경우 선진국에 비해 건축에 대한 이해가 부족한 것이 사실이다. 이것은 건물을 소개하면서도 정작 건물을 설계한 건축가를 소개하지 않는 것을 보면 쉽게 확인할 수 있다. 그저 경제성만을 따지고 부동산 가치를 생각하는 풍

베를린 거리　　　　　　　　　베를린 국회의사당　　　　　　　　　알도로시 집합주택

암스테르담의 보조코 하우징　　　　　　　　사보아 주택　　　　　　　　라 데팡스

토에서 진정한 건축이 설 자리는 없다. 건물은 개인이 소유하는 것이지만 다른 사람에게 노출되기 때문에 사적이면서 공적인 특성을 모두 갖고 있다. 그렇기에 건물의 디자인은 도시사람들의 삶의 질을 결정하기 때문에 매우 중요하다. 훌륭한 건축이란 건물을 구성하는 요소 하나 하나가 세심하게 디자인된 건물이다.

　　건축구성 요소 중에서 색채를 효과적으로 사용할 수 있는 대표적인 방법으로 문이나 창문 프레임 등을 강조하는 방법이 널리 사용된다. 이와 같은 예는 이집트의 주거라든가 유럽의 건축물에서 쉽게 발견할 수 있다. 이와 달리 네덜란드 암스테르담의 보조코 하우징은 캔틸레버라는 건축요소를 이용하여 건물 외관을 돋보이게 한 랜드마크적인 건물이다. MVRDV는 실로담의 기둥을 르 꼬르뷔지에의 필로티를 연상하면서 설계를 하였을까? 파란색으로 채색된 필로티가 대각선으로 만들어 시각적으로 우리를 긴장시키려는 것은 MVRDV의 의도였을까? 로마 건축에서 쉽게 발견힐 수 있는 아치 형태는 아름다운 경관을 만든나. 베를린의 GSW 선물은 건물 외관

라데팡스, 파리　　　　　　　　　　브라질 기숙사　　　　　　　　　출판건물, 시카고

누비안 빌리지의 출입문　　　　　아치　　　　　돌출창

에 직접 색채를 사용하지 않으면서도 환경 색채의 효과를 배가시킨 건물이다. GSW 빌딩은 화려한 루버를 실내에 사용하여 화려한 건물의 파사드를 만든다. 천장이나 복도 등의 요소에 직선의 색채를 적용하여 사람의 이동을 유도하는 효과적인 색채사용 방법 중의 하나가 된다.

여러가지 가로 시설물도 환경색채를 구성하는 요소이다. 환경색채를 특징짓는데 있어서 건축적 요소의 차원이 아닌 재료 차원에서의 색채도 매우 중요하다. 재료의 선택은 건물의 외관이나 실내에 많은 영향을 미친다. 재료는 환경 색채의 재질을 결정하기 때문에 보다 감각적이다. 일반적으로 우리들은 재료의 색채를 중요하게 다루지는 않는다. 그러나 그다지 많은 비용을 들이지 않고 큰 노력을 하지 않으면서도

보조코 하우징, 암스테르담　　　　　실로담, 암스테르담

다양한 아치

재료의 색

효과를 볼 수 있는 것이 재료의 색채 사용이다. 재료
의 질감은 공간의 특성을 결정하게 하는데 많은 역할
을 한다. 앞에서 설명한 것처럼 색채를 사용할 수 있
는 방법은 다양하다. 아니 다양하다 못해 무한하다.
이처럼 나양한 방법 중에서 어떤 방법을 선택하여야
할 것인가는 색채를 계획하는 사람이 소신을 갖고 결
정해야할 문제이다.

재료의 질감

02
도시색채 이야기

색채와 하모니

색채는 단일색으로 존재하지 않는다. 이 말은 다른 색과 어울려서 색채가 항상 존재하고 또 서로 다른 색에 의하여 영향을 받는다는 것을 말하는 것이다. 결국 좋은 환경색채를 만든다는 이야기는 색채를 적절하게 조합하였다는 것을 의미한다. 그래서 많은 화가들을 비롯하여 색채 디자인 전문가들은 색채의 하모니를 중요하게 다루어 왔다. 이론적으로 볼 때, 색의 조합은 무한하다. 그래서 이러한 무한한 조합 가운데 인간에게 즐거움이나 편안함 또는 상징적인 의미를 전달할 수 있는 조합을 이끌어 내는 것이 어렵다. 물론 그동안 많은 사람들에 의하여 받아들여졌던 색채 하모니의 기본원리를 사용하면 성공적인 환경색채 계획을 할 수 있는 확률이 높아질 것이다. 일반적으로 받아들여지고 있는 색채 하모니 원리에는 무채색 조화, 단색 조화, 인접 조화, 다색 조화, 2색 조화, 3색 조화, 분리보색 조화, 4색 조화 등이 있다.

무채색 조화 _ Achromatic Harmony

무채색 조화는 어떻게 보면 환경색채에서 널리 사용되고 있는 조화이론일 것이다. 그래서 회색도시라는 말도 생겨났는지도 모른다. 우리는 마음은 회색보다는 생기발랄한 다양한 색상을 원한다. 그러나 이러한 다양한 색채가 일시적으로 우리를 흥분시키고 자극하며 즐겁게 만들지 모르지만 장시간 계속되면 우리를 피곤하게 만든다. 그래서 다양한 색상은 장시간 거주하는 공간에는 적합하지 못한 경우가 많다. 결국 도시 공간에서 무채색 조화는 사람들에게 큰 흥미를 주지 못하고 지루할 수 있으나 우리의 마음을 안정시키는 장점이 있다. 그래서 필자는 대부분의 건물을 무채색 조화 이론을 적용하고 단지 중요한 위치를 차지하는 일부 건물만을 강렬한 색이나 화려한 색을 사용하는 것을 생각해 본다. 무채색 조화로 만들어진 건물에는 나중에 색채를 자유롭게 쓸 수 있는 여지를 만든다. 마치 이것은 우리가 흰색 도화지 위에서 다양한 작업을 할 수 있지만 흰색이 아닌 색도화지에서 우리가 선택할 수 있는 색채가 그만큼 제한되는 것과 같은 원리이다. 이러한 의미에서 환경색채 계획에서의 무채색 조화는 중요한 의미가 있다. 베를린에 있는 무채색 계획 사례에서 보는 것처럼 무채색 조화는 회색, 베이지색, 검정, 흰색등과 같은 중성색을 사용하는 조화이다. 무채색 조화에서 명도대비를 쉽게 찾아볼 수 있다. 앞에서도 말한 것처럼 무채색 조화는 단순하여 우리들의 일상생활을 무미건조하게 만들기도 한다. 그러나 무채색 건물에 들어선 시설, 예를 들어, 상점과 같은 곳에 강렬한 색을 사용할 수 있다. 이러한 경우, 무채색 조화는 배경으로서의 충분한 역할을 하게 된다. 배경으로서의 무채색 계획을 생각하지 않고 그 건물 자체를 돋보이려는 의미에서 강렬한 색상을 사용한다면, 그것은 환경에 문제를 일으킬 소지가 많다. 무채색의 삭막함은 초록색의 자연 색으로 완화되기도 한다.

라 빌레트 공원   브라질 기숙사   무채색의 바닥   흰색의 기둥

단색 조화 _ Monochromatic Harmony

단색 조화란 명도와 채도 또는 두 개의 요소를 변화시킨 단일 색상의 조화를 말한다. 단색 조화도 무채색 조화만큼이나 환경색채에 쉽게 적용될 수 있는 조화이다. 단색 조화의 장점은 어떤 색을 강조하면서도 여러 개의 색을 사용함으로써 환경에 변화를 줄 수 있고 그러한 변화를 통하여 단조로운 공간을 피할 수 있다는 점이다. 그러나 이러한 변화에도 불구하고 만들어지는 환경 자체가 단조롭다면 이를 보완하기 위해 재료의 질감이나 조명을 사용하기도 한다. 단색 조화에서 보다 강한 이미지의 환경을 원한다면 명도대비나 채도대비를 적용해 볼 수 있다. 또한 단색 조화가 단조롭게 느껴진다면 악센트 컬러를 이용한 공간의 변화를 시도해 볼 수 있다.

파리의 집합주택   파리의 지하철

인접 조화 _ Adjacent Harmony

인접이라는 말 자체가 의미하는 것처럼 인접 조화는 색상환에서 서로 근접한 색이 만드는 조화이다. 실내 디자인의 색채를 저술한 존 파일은 인접되는 색의 범위를 90도가 넘지 않게 사용할 것을 제안한다. 다시 말해, 인접 조화는 색상환에서 90도 이내의 범위에 있는 색들이 조합되어 만들어 내는 조화이다. 앞에서 설명한 무채색 조화나 단색 조화가 단조로움을 야기하는 단점이 있지만 인접 조화는 어느 정도 생동감을 연출할 수 있는 가능성이 있다. 따라서 인접 조화를 사용한 환경색채는 이미지의 느낌상 생기발랄하거나 또는 강렬한 색상 이미지를 만들 가능성이 많다. 물론 보색 대비와 같이 강렬하고 대비되는 이미지를 만들지는 않는다. 인접색 조화를 사용하여 색상차이를 줄이면서 명도나 채도를 통일한다면 아름다운 색채환경을 만들 수 있다. 유사색의 조화는 리듬감을 제공하기도 한다. 이것은 우리나라의 경우 주거 건축물에서 쉽게 찾아볼 수 있는 색상 조화 방법이다. 이와 같이 다양한 색을 사용하면서도 그렇게 자극적이지 않은 환경색채가 우리에게는 필요하다. 우리나라 환경색채의 가장 큰 문제로 거론되는 간판 색채의 경우, 명도나 채도를 통일하여 다양한 색상을 사용하면서도 통일된 환경이미지를 제공하는 것도 모색해 볼만하다.

인접 색채조화가 나타난 건물 파사드

다색 조화 _ Polychromatic Harmony

 다색 조화는 다른 어떤 색채 조화보다도 색채를 적극적으로 사용하는 원리를 채택한다. 색상환에서 색이 이루는 각도는 고려하지 않는 조화이론이다. 쉽게 말한다면 여러 색을 자유롭게 사용하며 색과 색의 관계는 중요하게 다루지 않는 조화 이론이다. 다색 조화는 환경색채 디자이너의 직관에 의해 색채를 선택하는 조화 이론이라고 볼 수 있다. 그러나 색을 다양하게 쓰다 보면 강렬한 대비가 일어나기도 하고 우리 시선을 혼란스럽게 만들고 심하게는 색채의 무질서까지도 유발할 수 있다. 우리의 간판 문화가 다색을 사용한 대표적인 예이다. 색간의 강한 대비를 만들었기 때문에 우리의 시선을 흩뜨려서 산만한 이미지를 만든다. 그래서 다색 조화를 성공적으로 사용하기 위해서 색채 환경 디자이너들은 파스텔 톤과 같이 색의 톤을 낮추기도 한다. 결론적으로 말해, 다색 조화를 사용하는 경우, 색채의 통일은 중요하다. 명도통일, 채도통일 혹은 톤의 통일 등은 다색 조화를 성공적으로 만든다. 또한 다색 조화에서 어두운 색보다는 밝은 색을 사용하고 채도가 약한 색을 사용하는 것이 좋다.

다색상 조화

2색 조화 _ Dyad Harmony

2색 조화의 대표적인 예가 보색 조화이다. 환경색채를 보다 강렬하고 강한 인상을 주는 환경을 만들고 싶을 때, 보색 조화의 원리는 중요한 역할을 한다. 그러나 2색 조화는 우리의 눈을 강하게 자극한다. 따라서 2색 조화를 주조색에 적용하기보다는 강조색과 같이 좁은 면적에 사용하는 것이 좋을 수 있다. 물론 2색 조화가 보색 조화만 있는 것은 아니다. 앞에서 설명한 여러 가지 조화 이론을 이용하면 다양한 2배색 조합도 가능하다. 이러한 것은 다음의 3장, 4장에서 외관과 실내 배색코드에 잘 나타나 있다.

밀라노 가구 박람회장의 입구에는 2색 조화가 잘 나타나 있다. 박람회의 이벤트를 보다 가시적으로 보여주기 위해 이와 같은 환경구조물을 세운 것이다. 이 환경구조물은 사람들에게 미적 경험을 경험해 주기 보다는 박람회 전시를 보다 더 잘 알리려는 기능색을 강조하는 환경색채 디자인의 예이다.

밀라노 가구 전시장   알도로시의 집합주택   실로담

3색 조화 _ Triad Harmony

3색 조화는 색상환에서 각 색이 정삼각형을 이루면서 조합된 색을 의미한다. 이 3가지 색이 색상환에서 똑같은 거리를 이루면서 조화를 이루기 때문에 가장 강렬한 색채 이미지를 만드는 경우가 있다. 3색 조화는 유럽의 경우에서 흔히 찾아볼 수 있는 예이다.

왜 이와같이 강력한 색채를 유럽 사람들은 사용하고 있을까? 유럽 사람들은 인류의 시작인 이슬람 문화의 영향을 받아 서구 문명을 만든 사람들이다. 조금 더 구체적으로 말한다면, 이슬람 문화의 대표격이라고 볼 수 있는 이집트의 영향을 받아 그리스의 문화를 태동시켰으며 로마 문화를 번성시켰다. 이후 중세를 거쳐 바로크, 로코코의 시대를 맞이하였으며 로코코 시대를 지난 이후에는 근대문화를 탄생시켰다. 필자는 유럽의 강력한 색채가 하루 아침에 이루어진 것이 아니라 유구한 인류문화의 흐름 속에 이루어졌다고 생각한다. 사막이라는 기후에서 햇빛이 워낙 강렬하기 때문에 이집트 사람들은 강렬한 초원의 색인 초록색을 사용했다. 건물을 사막에서도 쉽게 알아 볼 수 있게 하기 위해 강한 색채를 사용했다. 이러한 이미지는 자연의 지역적인 특성보다는 정치나 종교가에 의하여 상징적인 의미로서의 색채를 사용하게 되었을 것이다. 로마의 황제는 권위를 나타내기 위해서 빨간색을 즐겨 사용했다. 지금은 변색되어 로마 시대의 각종 건물이나 벽화에 그다지 화려한 색을 사용하지 않았다고 생각할 수도 있다. 그러나 많은 학자들이 로마 시대에 화려한 색채를 사용했다는 증거를 많이 제공하고 있다. 중세 시대는 예수를 상징하는 것으로 빨간색을, 마리아를 상징하는 색으로 파란색을 사용했다. 시대가 흐름에 따라 남녀간의 관계는 계속 변했지만 중세 시대에서는 남녀간의 관계가 상하관계로 설정되었다. 여하튼 종교적인 문제라든가 양성의 평등차원을 여기서 논의할 바는 아니기 때문에 남자와 여자에 대한 색을 깊이 있게 다루지 않기로 한다. 단지 남녀를 구분하기 위해, 상하를 구분하기 위해, 강렬한 색채를 사용하여야 했다는 점에 주시해 볼 필요가 있다. 서양의 미술사에서 보듯이 바로크와 로코코는 화려함을 자랑으로 한다. 이에 따라 이 시대에도 화려한 그리고 강렬한 색이 환경색채를 지배하였다. 인상파에 이르러 데스틸 운동이 절정을 이루고 순수성을 강조하며 원색을 사용한 데 스틸 운동은 근대 유럽의 색채문화를 주도한 가장 큰 힘이었다. 필자는 이러한 변천의 과정을 통하여 데 스틸 운동의 원색주의가 유럽에 전파되었으며 그러한 전통 하에 지금도 많은 유럽의 건축물이 세워지고 있다고 생각한다.

원색을 사용하고 특별히 흰색을 좋아했던 르꼬르뷔제가 다양한 원색을 사용하면서 층별로 색채계획을 한 것은 보다 적극적으로 색채계획을 하려는 의도 때문이었을 것이다. 일반적으로 이와 같은 3원색의 조화는 우리나라의 실정에 맞지 않는 경우가 많다. 또 이와 같이 채도가 높은 계획은 우리나라 정서에도 맞지 않는다. 채도를 낮춘 3색 조화는 무난하게 응용할 수 있는 조화이다.

유트레흐트 성당 정원   르꼬르뷔지에의 브라질 기숙사

분리보색 조화 _ Split Complement Harmony

분리보색 조화는 보색 조화에 기반을 두고 있다. 분리보색 조화는 색상환에서 정반대에 있는 두 가지 색이 조화를 이루는 것을 전제로 한다. 보색 조화와 다른 점은 하나의 색과 서로 보색을 이루는 두 가지 색을 결합하고 있다는 점이다. 즉 색상환에서 분리보색 조화는 2등변 삼각형의 구조를 이룬다. 이것은 삼각형의 꼭지점과 삼각형의 면은 색상환에서 거리에 상관없이 반대의 위치에 있다는 것을 의미한다. 즉 3색 조화는 분리보색 조화가 될 수 있지만 모든 분리보색 조화는 3색 조화를 만들지 않는다.

분리보색 조화는 보색 조화가 변형된 것이라고 볼 수 있다. 보색 조화보다는 다소 약한 대비를 보이지만 보색이라는 특성상 강렬한 대비를 보이는 범주에 들어간다. 보색 조화와 달리 분리보색 조화는 3색을 구성요소로 하기 때문에 보다 더 다양한 배색을 만들 수 있을 것이다. 예를 들어, 두 개의 색은 그대로 두고 나머지 색은 명도를 낮추거나 채도를 낮출 수 있다. 물론 한가지 색을 그대로 두고 두 가지 색을 조정할 수도 있다. 이러한 점을 이용하여 색채 계획의 3요소인 주조색, 보조색, 강조색 등을 선택하는 것도 가능하다. 영국 대사관의 예에서 보는 것처럼, 사람이 많이 모이는 곳에 분리보색 조화를 이용한다면 사람의 시선을 모아 공간의 정체성을 부여할 수도 있을 것이다.

분리보색 조화, 베를린, 영국대사관

4색 조화 _ Tetrad Harmony

4색 조화는 말그대로 4가지 색으로 이루어진 색채 조합이다. 이러한 4색 조화는 역동적이고 즐겁고 세련된 조화를 만든다. 복합성을 가지고 있기 때문에 4색 조화는 색상환에서 가장 설명이 용이하다. 모든 색이 4각형의 형태를 이루고 동시에 같은 거리를 두고 있는 두쌍의 색상은 조화를 이루는 것이 4색 조화이다. 4색 조화에서는 다양한 형태의 색채계획을 위해 명도를 약화시키거나 채도를 강화시킨다.

알레시 매장의 이미지는 생활과 관련된 창의적이고 혁신적인 제품을 판매한다는 상징성을 보여주는 듯하다. 또한 생기 발랄하고 에너지가 넘치는 생활이 연상된다. 이 색채계획은 주변의 색채를 고려하였다기보다는 회사 매장의 판매량을 높이기 위한 마케팅의 결과로 볼 수 있다. 이와 같이 상업주의는 주변의 환경을 고려하지 않고 단지 자신만의 이윤을 추구할 뿐이다. 누구나 개개인은 자기 자신의 이익을 추구한다. 그러나 개개인 모두가 자기 자신만의 이익만을 추구한다면 결국 우리의 삶은 갈등과 혼란의 상태로 빠져들게 된다. 이를 방지하기 위해서는 개개인 모두가 다른 사람들을 배려하고 주변환경을 생각하는 여유로운 마음이 필요하다. 어디까지 개인의 자유를 보장하고 어디까지 개인의 자유를 통제할 지 우리는 아직까지 정확하게 모른다. 그러나 이론적으로 볼 때 이 둘간의 접점은 존재한다. 그러한 접점을 찾아야 하는 것이 환경색채 전문가들의 역할이며 책임이다. 알레시와 같은 강한 이미지의 환경색채는 인간을 쉽게 피로하게 만들기 때문이다.

4색 조화, 실로담, 암스테르담

　이상에서와 같이 살펴본 배색 조화의 원리는 나름대로의 가치가 있고 중요하다. 이러한 배색 조화 이론 중에서 어떠한 것을 선택할 지는 결국 색채계획을 하는 전문가나 건물을 소유한 개개인의 몫으로 남게 된다. 그러나 환경색채에서 가장 중요한 것은 정부의 규제보다는 대다수를 이루는 국민의 문화 수준이나 정서일 것이다.

　단시간적인 이익을 생각하지 말고 또 자기 자신의 색채에 대한 결정이 나중에 부메랑과 같이 나에게 그대로 돌아옴을 알아야 한다. 아름다운 환경을 만들기 위해서 주변의 상황을 고려하고 기능적인 색채를 강조하는 것보다 우리들 인간이 편안하게 그리고 쾌적하게 느낄 수 있는 환경을 만들어야 한다. 우리가 만드는 모든 것들은 결국 인간을 위한 것이다. 그리고 인간은 누구나 행복하게 되기를 원한다. 색채 이미지를 통하여 우리가 행복해지고 즐거워질 수 있는 색채환경을 만들어야 할 것이다. 색채는 공기처럼 우리에게 늘 당연한 것으로 받아들여져 왔다. 또한 우리는 색채가 일상 속에 너무나 쉽게 존재하기 때문에 색채의 중요성을 잊은 채 살아왔다. 우리나라의 경우 색채가 차지하는 중요성은 타 국가에 비하여 상대적으로 낮을 지 모른다. 그러나 다른 사업과 달리 색채는 그렇게 많은 비용을 요구하지 않는다. 색채를 중요하게 생각하느냐 하지 않느냐는 차이에 따라 환경의 질은 큰 차이를 보인다. 어떻게 보면 좋은 환경색채는 우리의 인식의 변화만으로도 쉽게 얻을 수 있는 것이다.

흰색

환경색채로서 흰색은 그렇게 널리 사용되지 않는 색일 지 모른다. 더군다나 흰색의 특성상 시간에 따라서 변색될 가능성이 많기 때문에 색채로서의 생명력이 다른 색보다 짧은 것 같다. 그러나 흰색이라는 색의 속성이 순수하다거나 밝다거나 절대적이라거나 또한 자연의 하늘이나 또는 강이나 바다의 파란색과 잘 어울리기 때문에 흰색은 환경색채로 좋은 색이다. 하얀색을 즐겨 사용한 대표적인 건축가로 르 꼬르뷔제나 리차드 마이어를 떠올릴 수 있다. 하얀색을 사용하는 이들의 건축가들을 우리는 백색주의 건축가라고 부른다. 흰색은 그 건물을 만드는 사람의 정신이나 가치를 많이 반영하여 어떤 철학이나 인간정신을 표현하는 경향이 많다. 르 꼬르뷔제가 근대 5원칙을 이야기하면서 세운 사보아 주택은 아직까지도 흰색을 대표하는 건축물로 남겨져 있다. 또한 지중해 지역의 주택 특히 그리스 지역에서 하얀색을 주택에 많이 사용한다. 그리스 지중해의 강렬한 햇빛 속에 밝게 빛나는 흰색에서 인간은 완벽성과 영원성, 더 나아가 절대성 마저 느끼게 된다. 실용적인 측면에서 흰색은 다른 색에 비해 불리한 색이라고 볼 수 있다. 흰색은 어찌보면 비워져 있다는 느낌을 준다. 다시 말해, 흰색은 공간을 꽉 차게 보이는 느낌을 주지 않는다. 흰색을 바탕으로 빛이 유입되고 그 빛은 밝고 어두운 음영을 만든다. 따라서 빛이 강한 지역에서 어두움과 밝음의 대비를 만들며 흰색은 그 진가를 발휘한다.

프랑스의 베르사유 궁전, 파리의 라 빌레트 공원의 조각물, 베를린의 쿠담거리, 리트벨트의 슈뢰더 하우스, 파리의 라데팡스, 파리의 드골 공항의 실내는 흰색을 사용한 대표적인 예이다.

베르사유 궁전은 타인을 절대로 신용하지 않았다던 루이 14세가 1668년 건립한 궁전이다. 루이 14세가 타인을 믿지 않는 이유는 어린 시절 파리의 폭도들에게

베르사유 궁전　　　　　　　　빌레트 공원　　　　　　　　쿠담거리, 베를린

슈뢰더 하우스, 리트벨트　　　　　　　　라 데팡스　　　　　　　　드골 공항

어머니가 살려달라고 애원했던 과거에서 비롯된 것 같다. 루이 14세가 파리를 떠나 베르사유로 궁을 옮긴 것도 반란의 온상지였던 파리를 멀리하였기 때문이다. 그런데 이렇게 프랑스 왕가를 파리에서 멀리 떨어지게 한 것이 후일 왕정을 전복시킨 프랑스 혁명의 불씨가 되었다는 것은 역사의 아이러니이다. 루이 14세는 장장 72년 동안 프랑스를 통치하였다. 또 루이 14세는 반란의 미연방지책으로 귀족들을 모조리 베르사유 궁에 불러들여, 그들의 일거수 일투족을 감시하였다. 베르사유 궁은 건축가 루이 르 보아 쥘 아르두앵 망사르가 궁전 건물을, 샤를 르 브룅이 궁전의 내부 장식을, 조경 설계사 르 노트르가 설계한 것으로 궁전의 화려함과 함께 정원의 아름다움도 빼놓을 수가 없다. "국가, 그것은 바로 짐이다"라는 말로 절대 왕정을 펼친 루이 14세는 베르사유라는 초호화판 궁을 만들었다. 이곳에 가면 루이 14세의 동상과, 이아 생트 리고의 초상화를 볼 수 있다. 왕족들의 사치스러운 생활을 한 눈에 알아볼 수 있는 베르사유 내부 중에서도 거울의 방은 화려함의 절정을 보여주는 방이

다. 거울의 방은 국가의 주요 행사가 개최되었던 방으로서 수 많은 거울로 장식되어 있으며 길이가 70m 나 된다. 이 밖에도 비너스의 방, 전쟁의 방, 아폴로의 방이 유명하다.

파리의 빌레트 공원에 설치되어 있는 조각물은 클래스 올덴버그가 제작한 작품이다. 이 작가는 일상생활에서 흔히 볼 수 있는 사물을 크게 확대시킨 작품을 만드는 것으로 유명하다. 올덴버그는 크게 확대시킨 햄버그를 제작하였으며, 빨래집게, 야구 방망이, 사과 등도 제작하여 우리들에게 재미거리를 선사하였다. 빌레트에 세워진 큰 자전거의 페달은 예술작품이면서 아이들의 놀이기구이다. 조각 작품을 제대로 감상하려면 만져봐야 한다는 말이 있다. 그런데 대개의 조각 작품의 경우, 사람들이 만지는 것을 허용하지 않는다. 올덴버그의 작품은 관람객이 만져 볼 수 있는 기회를 제공함으로써 그 동안의 통념을 깬다. 관람자의 자연스러운 참여를 유도한 흥미 있는 작품이다. 우리나라에도 청계천에 올덴버그의 작품이 세워졌다.

베를린의 쿠담 거리는 젊은이들이 많이 모여 생기가 넘치는 거리이다. 거리에 놓여 있는 흰색의 건물은 검소하면서도 차분한 독일인의 민족성을 보여주는 것 같다. 리트벨트의 슈뢰더 하우스는 데 스틸 운동의 대표적인 건축물로서 원색을 주조로 하는 건물이다. 특히 근대건축의 효시가 되었던 건축인 만큼 많은 책에서도 소개가 이루어졌다. 사진에서 보는 것처럼 슈뢰더 주택은 순수와 완벽성의 흰색을 주조로 힌다. 수평선과 수직선을 조합하여 작품을 완성한 몬드리안의 영향 때문에 추상화 작품 같은 입면의 효과가 느껴진다.

파리의 라 데팡스 그랑드 아르슈 밑에 있는 흰색의 막구조물은 피로에 지친 여행객들의 쉼터의 공간으로서 손색이 없다. 막구조물이 있는 그랑드 아르슈 건물은 가로, 세로 110m 의 대형 건물이다. 이처럼 우리의 시선을 압도하는 건물을 세운 프랑스인의 스케일은 어디서 나오는 것일까? 파리의 드골 공항에는 여느 공항과 달리 예술을 사랑하는 프랑스의 특성을 잘 나타낸다. 곡면으로 된 복도는 바쁜 여정으로 다소 긴장된 여행객에게 편안함과 여행의 설레임을 제공한다. 흰색으로 채색된 복도의 벽은 휴식과 여행이라는 느낌을 더해 주는 것처럼 보인다.

흰색이 빛의 삼원색이 모여 만들어 내는 가장 완벽한 색이어서 완벽성이나 영원성을 추구하는 색이라면 갈색은 우리의 과거를 생각하게 하는 색이다. 갈색은 우리 인간근원의 뿌리를 느끼게 만들며 회상을 피할 수 없게 한다. 그렇기 때문에 역사성이나 전통성을 강조하는 색채계획에서 갈색을 빼놓을 수가 없다.

ZENKER
ZENKER
HOTCH POTCH
Männermoden
NOUVELLE
Bleibtreustr. 24
SONDERANGEBOTE
IM GESCHÄFT
Ital. Damenschuhe · Größe 32 - 43
MONT
BLANC
Bleibtreustr. 17
100 m
www.zenker-berlin.de

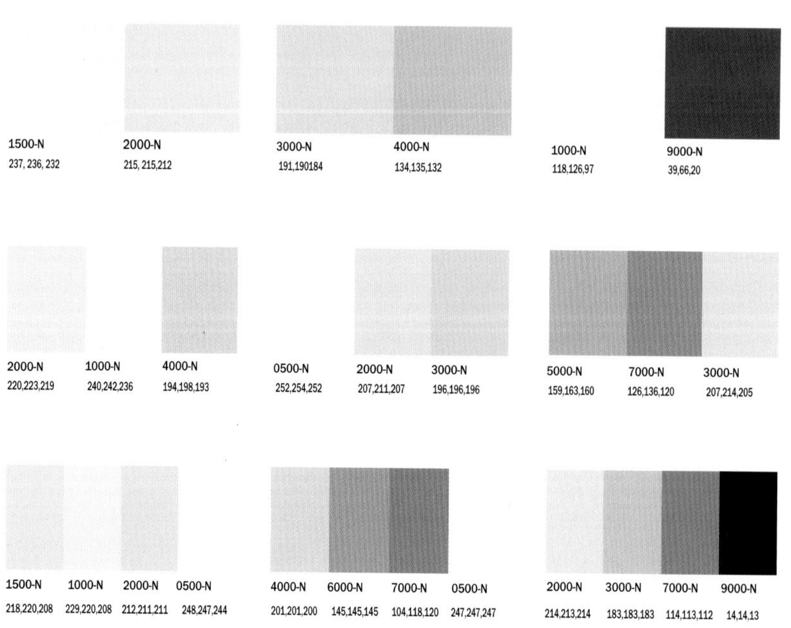

1500-N
237, 236, 232

2000-N
215, 215, 212

3000-N
191,190184

4000-N
134,135,132

1000-N
118,126,97

9000-N
39,66,20

2000-N
220,223,219

1000-N
240,242,236

4000-N
194,198,193

0500-N
252,254,252

2000-N
207,211,207

3000-N
196,196,196

5000-N
159,163,160

7000-N
126,136,120

3000-N
207,214,205

1500-N
218,220,208

1000-N
229,220,208

2000-N
212,211,211

0500-N
248,247,244

4000-N
201,201,200

6000-N
145,145,145

7000-N
104,118,120

0500-N
247,247,247

2000-N
214,213,214

3000-N
183,183,183

7000-N
114,113,112

9000-N
14,14,13

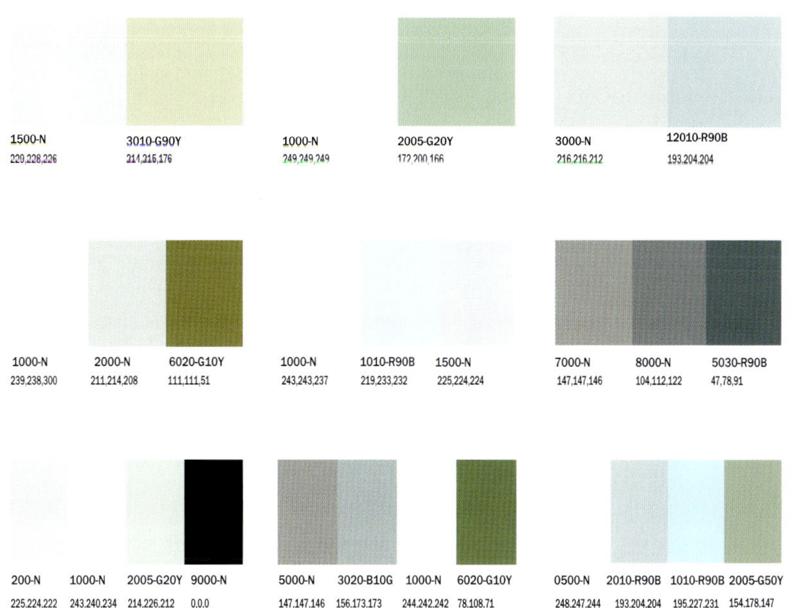

1500-N
229,228,226
3010-G90Y
214,215,176
1000-N
249,249,249
2005-G20Y
172,200,166
3000-N
216,216,212
12010-R90B
193,204,204

1000-N
239,238,300
2000-N
211,214,208
6020-G10Y
111,111,51
1000-N
243,243,237
1010-R90B
219,233,232
1500-N
225,224,224
7000-N
147,147,146
8000-N
104,112,122
5030-R90B
47,78,91

200-N
225,224,222
1000-N
243,240,234
2005-G20Y
214,226,212
9000-N
0,0,0
5000-N
147,147,146
3020-B10G
156,173,173
1000-N
244,242,242
6020-G10Y
78,108,71
0500-N
248,247,244
2010-R90B
193,204,204
1010-R90B
195,227,231
2005-G50Y
154,178,147

1500-N
243,243,243

0510-Y20R
240,240,189

3000-N
221,220,219

4010-Y90R
221,190,165

4000-N
152,152,152

3010-G90Y
221,216,124

1000-N
240,240,239

1010-Y20R
240,242,204

3000-N
225,224,221

6000-N
170,168,169

5020-G90Y
198,172,102

1000-N
244,243,242

7000-N
124,124,123

6010-G70Y
163,152,106

9000-N
6,6,6

3000-N
218,217,215

4010-Y90R
221,190,165

0500-N
248,247,242

5020-G90Y
198,172,102

0500-N
249,250,239

5030-Y30R
171,113,28

5020-G70Y
156,142,78

1500-N
230,226,225

3000-N
223,221,204

2010-Y90R
222,194,152

3020-Y10R
198,172,102

9000-N
45,45,45

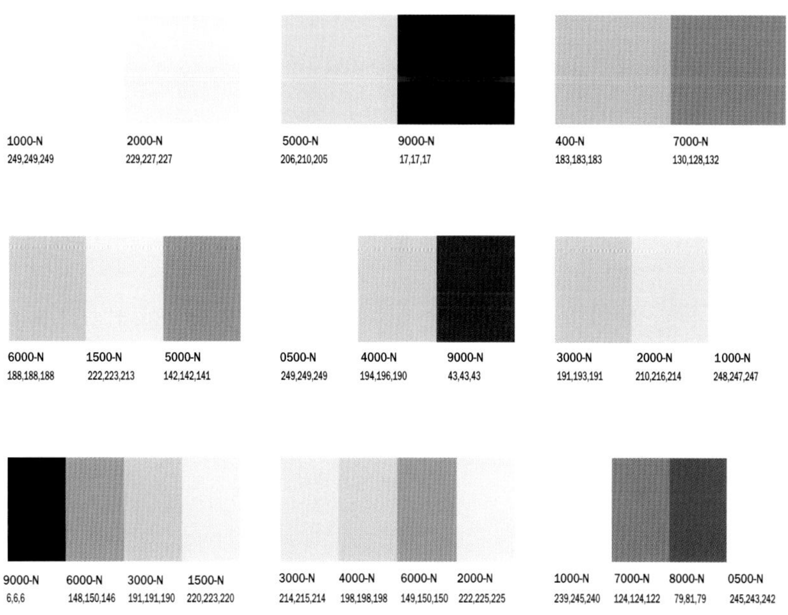

1000-N
249,249,249

2000-N
229,227,227

5000-N
206,210,205

9000-N
17,17,17

400-N
183,183,183

7000-N
130,128,132

6000-N
188,188,188

1500-N
222,223,213

5000-N
142,142,141

0500-N
249,249,249

4000-N
194,196,190

9000-N
43,43,43

3000-N
191,193,191

2000-N
210,216,214

1000-N
248,247,247

9000-N
6,6,6

6000-N
148,150,146

3000-N
191,191,190

1500-N
220,223,220

3000-N
214,215,214

4000-N
198,198,198

6000-N
149,150,150

2000-N
222,225,225

1000-N
239,245,240

7000-N
124,124,122

8000-N
79,81,79

0500-N
245,243,242

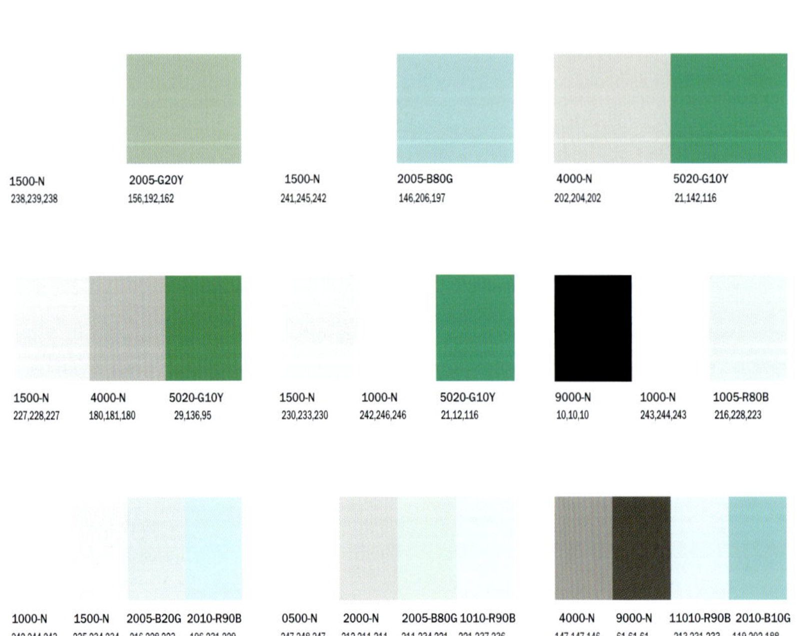

1500-N
238,239,238
2005-G20Y
156,192,162
1500-N
241,245,242
2005-B80G
146,206,197
4000-N
202,204,202
5020-G10Y
21,142,116

1500-N
227,228,227
4000-N
180,181,180
5020-G10Y
29,136,95
1500-N
230,233,230
1000-N
242,246,246
5020-G10Y
21,12,116
9000-N
10,10,10
1000-N
243,244,243
1005-R80B
216,228,223

1000-N
242,244,243
1500-N
235,234,234
2005-B20G
216,228,223
2010-R90B
196,231,229
0500-N
247,248,247
2000-N
212,211,211
2005-B80G
211,234,221
1010-R90B
221,237,236
4000-N
147,147,146
9000-N
61,61,61
11010-R90B
213,231,233
2010-B10G
119,202,188

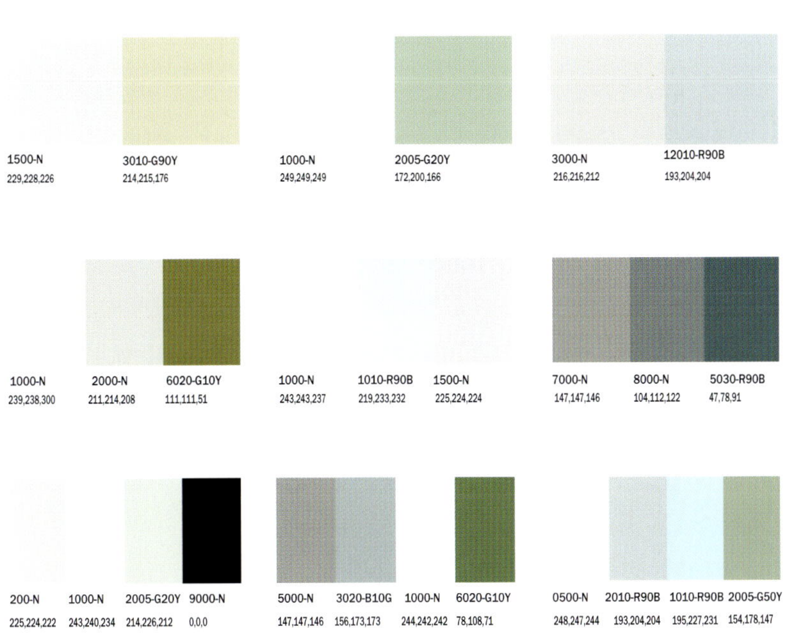

1500-N   3010-G90Y   1000-N   2005-G20Y   3000-N   12010-R90B
229,228,226   214,215,176   249,249,249   172,200,166   216,216,212   193,204,204

1000-N   2000-N   6020-G10Y   1000-N   1010-R90B   1500-N   7000-N   8000-N   5030-R90B
239,238,300   211,214,208   111,111,51   243,243,237   219,233,232   225,224,224   147,147,146   104,112,122   47,78,91

200-N   1000-N   2005-G20Y   9000-N   5000-N   3020-B10G   1000-N   6020-G10Y   0500-N   2010-R90B   1010-R90B   2005-G50Y
225,224,222   243,240,234   214,226,212   0,0,0   147,147,146   156,173,173   244,242,242   78,108,71   248,247,244   193,204,204   195,227,231   154,178,147

갈색은 삼원색의 1차색도 아니고 2차색도 아닌 3차색이다. 갈색이라고 하면 먼저 낙엽을 떠올리게 된다. 낙엽이 온천지에 난무하는 가을은 우리를 사색에 잠들게 만든다.

그렇기 때문에 갈색은 봄이나 여름의 색이라기 보다는 가을의 색이다. 가을에 많이 볼 수 있기 때문에 갈색을 젊고 어리고 새롭다고 생각하는 사람은 거의 없다. 오히려 갈색은 오래되었다는 느낌을 준다. 가을은 어떻게 보면 결실을 맺는 계절이다. 갈색에는 풍성함이 있다. 그래서 갈색에는 고품격이 있으며 오래된 세월의 흐름 속에 존재하는 그런 역사성과 전통성이 있다. 갈색은 역사성이나 전통성을 강조하는 포스트 모더니즘 건축에 흔히 나타나는 색이다. 그렇다면 왜 우리는 갈색을 역사적이고 전통적인 색이라고 생각할까? 어떻게 보면 건축재료 중에서 벽돌은 이집트 시대나 로마 시대에서부터 사용되어 왔기 때문에 인류 문화 속에서 존재해 온 가장 오래된 건축재료 중의 하나이다. 그래서 우리는 벽돌의 색인 갈색에서 전통과 뿌리를 느끼게 된다. 오래된 역사 유적을 보면 많은 것들이 갈색으로 되어있다. 이집트의 카르낙 신전이나 룩소루 신전을 방문해 보면, 온 사방천지가 흙의 색인 갈색으로 되어 있음을 발견한다. 유구한 세월 속에 그대로 버텨온 흙기둥의 색과 흙벽돌의 주택에서 마치 옛 애인을 만난 듯 회한의 정을 느끼게 된다. 우리 인간은 누구나 언젠가는 한줌의 흙으로 돌아갈 것이다. 그것은 우리가 온 곳으로 다시 되돌아 가는 일인지 모른다. 시간의 흐름은 우리 인간이 전혀 막을 수 없는 거대한 에너지이다. 봄이 오고 가을이 가는 것을 막을 수 있는 사람은 아무도 없다. 시간이라는 지평선 위에서 역사는 존재하고 흘러 간다. 아무도 과거의 역사를 바꿀 수는 없다. 단지 현재와 미래의 역사를 써 나갈 뿐이다. 역사는 가르침을 준다. 역사는 인생 교과서로서 우리들에게 삶의 방향을 제시한다. 스위스 건축가인 마리오 보타는 로마성을 추종한다. 벽돌은 로마 건축의 대표적인 건물이다. 강남의 교보 빌딩과 삼성의 리움 미술관은 우리나라에서 찾아 볼 수 있는 마리오 보타의 건축작품이다. 마리오 보타의 작품 스타일이 잘 느껴지는 건물들이다. 벽돌은 우리의 심성을 보다 부드럽게 만드는 매력이 있다. 현란하게 빛나지는 않지만 은은한 무게가 있다. 다른 건축재료와는 달리 벽돌은 숨쉴 수 있는 많은 작은 구멍을 갖고 있다. 따뜻하고 부드러운 이미지, 우리에게 뒤를 되돌아보라는 메시지를 주는 벽돌을 사용한 우리의 건축가가 있으니 바로 그가 고 김수근 건축가이다. 그는 대학로 샘터사 건물을 설계하였다. 그리움을 자극하는 벽돌건축의 맛은 단아함과 푸근함이다.

파리의 건물

갈색의 건축 이미지들은 마치 옛 고향에 온듯 우리들의 마음을 푸근하게 한다.

예전보다 요즈음은 벽돌이 더 좋게 느껴진다. 왜 이전에는

아치의 통로 　　　　갈색의 기둥 　　　　파리의 골목길

이집트 벽화 　　　　보르네오 주택 　　　　주택 실내

벽돌이 주는 메시지를 듣지 못했을까? 강렬한 이미지를 제공하지 않지만 벽돌의 은은함은 우리에게 더욱 강하게 다가온다. 모 건설사가 '브라운 스톤'이라는 브랜드 이름을 쓴 것도 갈색이 주는 전통성과 고급성 때문일 것이다.

흰색과 갈색은 서로 잘 어울리는 색이다. 흰색처럼 다른 색과 잘 어울리는 색이 회색이다. 사람들은 회색에서 회색분자, 회색도시 등과 같이 부정적인 이미지를 떠올린다. 그러면서도 사람들이 회색을 많이 사용하는 이유는 무엇일까? 회색이 다른 색과 잘 어울린다는 그러한 장점 때문일까? 아니면 긍정적인 의미로서의 세련됨 때문일까? 아니면 첨단의 특성 때문일까? 다음 장에서 우리의 도시 속에서 쉽게 찾아 볼 수 있는 회색에 얽힌 이야기를 들어 보기로 하자.

| 1010 Y50R | 1010 R90 |
| 254,219,180 | 134,145,147 |

| 1010 Y50R | 1010 B10 |
| 254,219,180 | 134,153,147 |

| 1010 Y50R | 5010 R90 |
| 254,219,180 | 104,112,122 |

| 4020-Y40R | 5020-Y80 | 8010-Y70R |
| 179,122,71 | 140,72,55 | 51,0,0 |

| 2020-Y30R | 3030-Y50 | 4020-Y80R |
| 229,187,123 | 212,125,78 | 170,102,86 |

| 1010-Y50R | 3020-Y40 | 6020-Y50R |
| 254,219,180 | 198,149,102 | 125,59,8 |

| 1010-Y50R | 2010-Y50 | 2020-Y40R | 6020-Y60R |
| 254,219,180 | 228,197,159 | 230,178,127 | 117,48,7 |

| 1010-Y50R | 2020-Y50 | 2020-Y60R | 6020-Y80R |
| 254,219,180 | 233,174,132 | 228,165,129 | 110,29,4 |

| 0804-Y50R | 2010-Y80 | 3020-Y40R | 7010-R30B |
| 234,220,198 | 217,184,163 | 198,149,102 | 66,12,34 |

1010-Y50R
254,219,180
2020-Y40
230,178,127

1010-Y50R
254,219,180
2020-Y60
228,165,129

2020-Y40
230,178,127
6020-Y60
117,48,7

2020-Y50R
233,174,132
0505-Y30
255,250,207
2002-R50B
229,222,215

7010-Y90R
77,18,2
0505-G8C
250,253,213
2010-R60B
198,196,198

1010-Y50R
254,219,180
2010-Y20
218,202,148
2010-R50B
203,193,196

0804-Y50R
234,220,198
2010-Y90
217,184,167
2010-R50B
203,193,196
5020-B
68,98,119

0804-Y50R
234,220,198
3005-B20
171,186,170
4010-G90Y
163,152,106
5020-G90Y
133,110,48

0804-Y50R
234,220,198
3005-G8C
189,192,153
2010-R50B
203,193,196
5030-Y30R
148,82,9

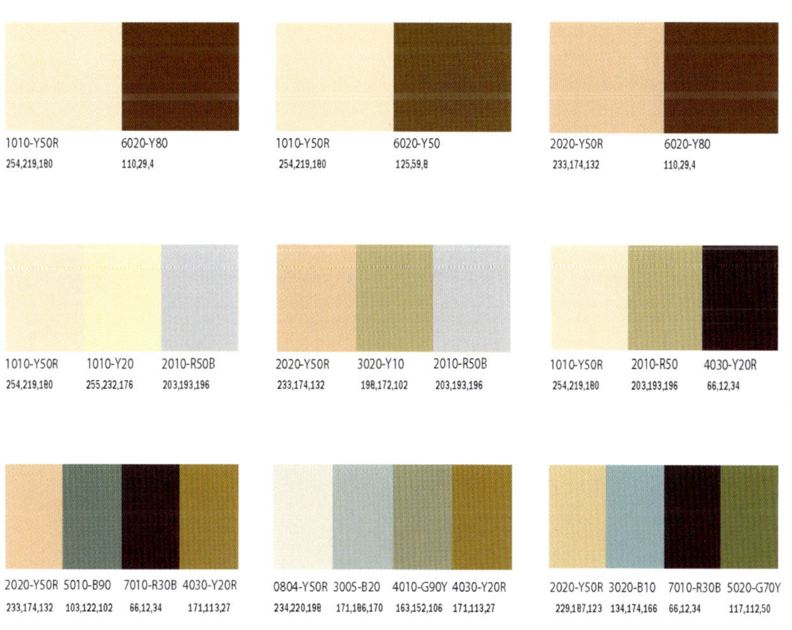

1010-Y50R
254,219,180
6020-Y80
110,29,4

1010-Y50R
254,219,180
6020-Y50
125,59,8

2020-Y50R
233,174,132
6020-Y80
110,29,4

1010-Y50R
254,219,180
1010-Y20
255,232,176
2010-R50B
203,193,196

2020-Y50R
233,174,132
3020-Y10
198,172,102
2010-R50B
203,193,196

1010-Y50R
254,219,180
2010-R50
203,193,196
4030-Y20R
66,12,34

2020-Y50R
233,174,132
5010-B90
103,122,102
7010-R30B
66,12,34
4030-Y20R
171,113,27

0804-Y50R
234,220,198
3005-B20
171,186,170
4010-G90Y
163,152,106
4030-Y20R
171,113,27

2020-Y50R
229,187,123
3020-B10
134,174,166
7010-R30B
66,12,34
5020-G70Y
117,112,50

2020-Y60R
228,165,129
6020-Y80
110,29,4
2010-Y90R
217,184,167
7010-R30
66,12,34
2020-Y60R
228,165,129
3020-Y20
198,163,100
5010-R90B
104,112,122
2010-Y90R
217,184,167
5010-B90
103,122,102
7010-R30
66,12,34
2010-Y80R
217,184,163
2010-R50
203,193,196
5020-R80B
80,91,124
3020-B10G
134,174,166
3020-Y80R
197,135,115
4020-G9C
156,142,78
6020-R80B
23,39,89
6020-Y60R
117,48,7

4

회색

회색은 긍정적인 색으로 보다는 부정적인 색으로 우리의 마음 속에 자리 잡고 있는 것 같다. 회색은 특성이 없는 색이기도 하며, 우울한 감정의 색, 불친절의 색, 무관심의 색이기도 하다. 또 망각의 색, 과거의 색이며, 노년의 색이기도 하다. 그러나 회색은 다른 무엇과도 잘 어울리는 색으로서 심사숙고의 이미지를 풍기는 색이기도 하다. 회색은 우리의 마음을 무겁게 만드는 그런 특성이 있다. 회색을 건축에서 많이 사용하는 이유는 건물의 구조성능이 우수하여 널리 사용되고 있는 콘크리트때문일 것이다. 콘크리트의 색은 회색이다. 색채보다는 경제성이 중시되던 근대건축에서 콘크리트의 사용은 선택의 여지가 없는 듯 하다. 회색의 콘크리트를 트레이드 마크로 사용하고 있는 건축가로서 우리는 일본의 타다오 안도를 쉽게 떠올린다. 안도는 콘크리트라는 재료를 빼놓고는 생각할 수 없는 건축가이다. 빛의 교회처럼 콘크리트의 회색건물에서 어떤 절대적인 정신을 느낄 수 있을 지 몰라도 나는 왠지 콘크리트 건물에 거부 반응을 일으킨다. 안도와 같은 콘크리트 건물을 좋아하는 국내 건축가가 많은 것을 보고 그것을 의아하게 생각한 적이 있다. 누가 뭐래도 차가움 보다 따뜻함이 좋다. 절제도 좋지만 자유스러움이 좋다. 콘크리트는 이런 내 생각을 만족시켜 줄

요시다 주택, 오사카   빛의 교회, 안도타다오

수 있는 색은 아니다. 최소주의의 근간인 엄격함이나 절제, 또는 완벽성을 추구하는 것 때문에 안도 자신에게는 만족을 주는 색일지 모르나, 회색은 인공적이고 따뜻함이 없어 내가 받아 들이기에는 어려운 색이다. 사람은 즐겁고 행복하길 원한다. 가장 먼저 즐겁고 재미있어야 하는데 우리에게 정신적 교훈의 메시지를 강조한 안도의 건축적 접근 방법은 다소 무리가 있어 보인다. 요즘 예술가의 활동을 보면 사람들을 놀라게 하고 차마 눈으로 보기에도 끔찍한 것을 보여주는 예술작품이 많다.

이들은 진실이라든가 본질을 추구하는 사람들이다. 그러나 한 평생 우리가 할 수 있는 것은 극히 제한되어 있다. 즐거움 만을 추구하며 살아도 우리의 인생은 너무나 짧다. 그래서 즐거움과 흥미를 유발하기 위해 다양한 색채를 사용하는 포스트 모더니즘의 건축 접근 방식에 더 많은 매력을 느낀다. 그러나 우리가 색채라는 관점에서만 보고 건물을 만들 수는 없다. 건물의 내구성이나 생산성도 생각하여 건축물을 설계하여야 할 것이다. 콘크리트는 내구성이 좋은 재료이다. 콘크리트는 삭막하지만 어떤 색채와도 잘 어울린다는 장점이 있다. 콘크리트가 다른 재료와 잘 어울리기 때문에 다른 재료를 사용하여 콘크리트의 삭막함을 보완할 수 있다. 회색의 건물은 심

회색의 삭막함을 보완하는 색

사숙고 하는 이성적 이미지를 보여 준다. 이 색에 대응하는 감성적 색을 추가함으로써 우리들은 얼마든지 좋은 환경을 만들 수 있다.

회색을 보완하는 데에는 브라운색의 따뜻함을 이용할 수 있고, 초록색의 생동감을 이용할 수 있을것이다. 회색은 나서는 색이 아니라 조용히 뒤에 앉아 있는 색이다.

회색의 차분한 이미지는 우리의 마음을 안정시킨다. 중성적인 회색은 다른 색채를 활용함으로써 생기있고 활발해 질 수 있다. 우리나라의 경우 인천 공항의 실내 공간은 회색톤의 이미지를 사용하여 차분한 분위기와 첨단의 느낌을 준다. 공항이라는 공간 자체는 안전이 중요하므로 첨단의 이미지를 주는 것이 필요하다. 회색은 첨단의 이미지를 주는데 적절한 색이다.

회색을 보완하는 색으로서 녹색을 이야기한 적이 있다. 그래서 회색도시일수록 녹지를 많이 구성한다. 녹색은 자연의 색이다. 자연을 떠난 인간은 생각해 볼 수가 없다. 더군다나 요즘같이 건강이 중요시되고 친환경성이 강조되는 시점에서 녹색은 점차 더 많이 활용될 것이다. 자연이 주는 녹색을 제공할 수 없다면 건물의 색채라도 일부 녹색으로 바꿔 보다 더 신선하고 생동감 있는 환경을 만들어야 할 것이다. 회색을 포함한 배색코드는 앞에서 보여준 흰색의 배색코드를 참조하면 된다.

로테르담　　　　　　　　베를린의 건축물　　　　　　　　베를린의 공장건물

5

녹색

녹색은 자연의 색이며 생명의 색이며 건강의 색이다. 또한 봄을 상징하는 색이기도 하며, 신선함과 젊음을 상징하기도 한다. 이와 아울러 녹색은 희망을 상징하기도 한다. 문화적으로는 녹색은 이슬람의 성스러운 색이다. 그래서 녹색은 아랍연맹의 색을 대표한다. 이슬람 문화가 녹색을 즐겨 사용한 데에는 사막이라는 어려운 환경 속에서 오아시스와 같은 녹색의 정원을 중요하게 생각하였기 때문이다. 녹색은 사람들에게 안정을 주며 휴식할 수 있는 공간을 만든다. 온도가 높은 지역에서는 시원함을 주기 위해 녹색을 사용한다. 그렇기 때문에 산악지역에서 녹색을 사용한다. 생명을 중요하게 생각하는 아랍의 이집트에서도 녹색을 사용하는 것을 보면, 녹색은 우리의 육체적인 건강과 정신적인 건강에 큰 도움이 되는 모양이다. 녹색이 없는 세상을 상상해 보았는가? 녹색이 없는 세상은 너무나 삭막한 세상이다. 이 세상에 초록색의 건물이 많지는 않다. 그러나 이집트 말고도 이태리에서 초록색 건물들을 쉽게 발견할 수 있다. 이태리의 멀펜사 공항에 가면 공항의 전체가 녹색으로 되어 있음을 발견하게 된다. 공항의 매장도 코닥 필름 대신 후지 필름 매장만 있다. 이태리의 대표적인 건축가인 알도 로시는 포스트 모더니즘의 건축을 표방했던 건축가이다. 포스트 모디니즘을 표방하는 알도 로시는 역사성이니 전통성을 중요하게 다루었다. 또한 이

이집트 누비안 빌리지

멀펜사 공항, 이태리

멀펜사 공항의 실내

집트의 건축은 그의 건축에 많은 영향을 미친 것처럼 보인다. 그러나 확실한 것은 그가 이태리의 색인 초록색을 건물에 적극적으로 사용했었다는 점이다. 그래서 이태리가 아닌 독일의 베를린에 있는 공동주택을 설계하면서 초록색을 사용하였다. 마리오 보타가 강남 교보빌딩을 설계하면서 벽돌을 사용한것 처럼 알도 로시도 초록색을 베를린의 집합주택에서 사용했다. 왜 이들은 그들의 설계방식을 고집하였을까? 질문에 대한 답은 지역성보다는 역사성을 강조하여 설계에서 찾을 수 있을 것이다. 그러나 이들은 역사성과 함께 지역성이 중요한 경우가 많은 것 같다.

우리나라의 경우 채도가 높은 녹색을 사용하는 것은 문화적 정서에 잘 어울리지 않는다. 그러나 채도를 낮춰 녹색을 적용한다면 콘크리트의 숲으로 채워져 있는 우리의 도시에도 생기를 불러 일으킬 것이다. 또한 녹색을 중요하게 다루고 사후세계의 부활을 염원했던 이집트의 내세관처럼 그런 정신을 오늘날의 건물에도 반영시켜 볼 수 있을 것이다. 초록색을 통하여 젊음을 느끼며, 활기찬 생활을 할 수 있게 우리의 환경색채에 녹색의 비율을 높여 보기로 하자. 녹색을 사용한 환경색채의 예는 유럽의 도시에서 쉽게 찾아 볼 수 있다. 물론 이러한 예를 시카고와 오사카 같은 도

녹색의 환경 색채   오크파크의 주택, 프랭크로이드 라이트   요시다 주택

시에서도 찾아 볼 수 있다.

녹색이 우리에게 생명을 주고 부활을 상징하는 희망이라면, 희망을 상징하고 비전을 제시하는 가장 강력한 색이 또 하나 있다. 그 색이 바로 파랑이다.

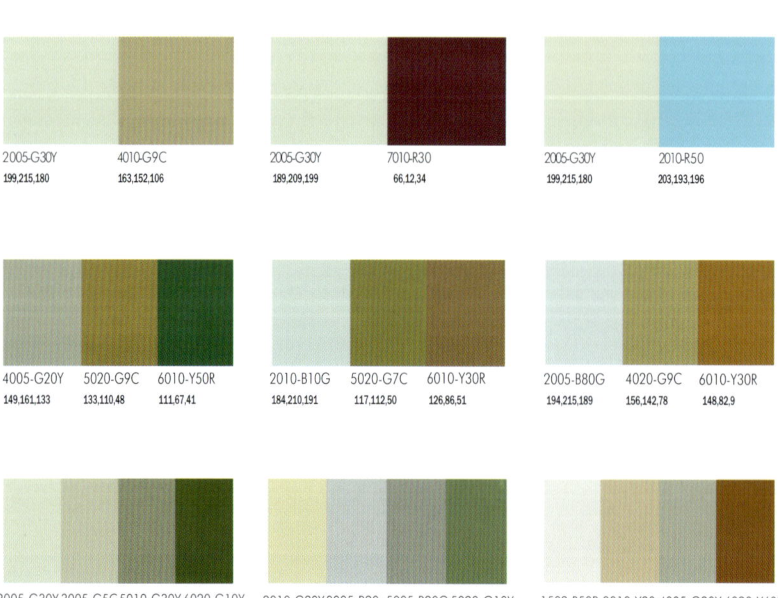

2005-G30Y	4010-G9C		2005-G30Y	7010-R30		2005-G30Y	2010-R50
199,215,180	163,152,106		189,209,199	66,12,34		199,215,180	203,193,196

4005-G20Y	5020-G9C	6010-Y50R	2010-B10G	5020-G7C	6010-Y30R	2005-B80G	4020-G9C	6010-Y30R
149,161,133	133,110,48	111,67,41	184,210,191	117,112,50	126,86,51	194,215,189	156,142,78	148,82,9

2005-G30Y	3005-G5C	5010-G30Y	6020-G10Y	2010-G90Y	3005-B20	5005-B20G	5020-G10Y	1502-R50B	3010-Y20	4005-G20Y	6020-Y60R
199,215,180	179,189,152	118,126,97	39,66,20	209,213,152	171,186,170	126,136,120	78,108,72	218,220,208	193,175,128	149,161,133	117,48,7

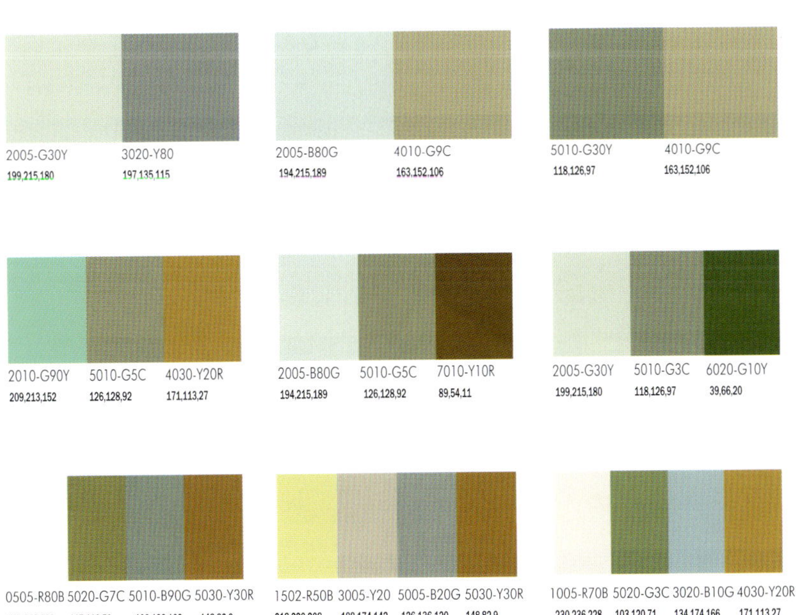

2005-G30Y   3020-Y80
199,215,180   197,135,115

2005-B80G   4010-G9C
194,215,189   163,152,106

5010-G30Y   4010-G9C
118,126,97   163,152,106

2010-G90Y   5010-G5C   4030-Y20R
209,213,152   126,128,92   171,113,27

2005-B80G   5010-G5C   7010-Y10R
194,215,189   126,128,92   89,54,11

2005-G30Y   5010-G3C   6020-G10Y
199,215,180   118,126,97   39,66,20

0505-R80B 5020-G7C 5010-B90G 5030-Y30R
240,249,239   117,112,50   103,122,102   148,82,9

1502-R50B 3005-Y20 5005-B20G 5030-Y30R
218,220,208   188,174,142   126,136,120   148,82,9

1005-R70B 5020-G3C 3020-B10G 4030-Y20R
230,236,228   103,120,71   134,174,166   171,113,27

2005-G30Y	5019-G3C		2005-B80G	4005-G2C		5010-G30Y	6020-G1C
199,215,180	118,126,97		194,215,189	149,161,133		118,126,97	39,66,20

2005-B80G	4005-G2C	5020-G10Y		2005-B20G	5010-B90	5020-G10Y		2010-G90Y	5005-B20	5020-G10Y
194,215,189	149,161,133	78,108,71		194,213,193	103,122,102	78,108,71		209,213,152	126,136,120	78,108,71

1502-R50B	3005-G8C	3020-B10G	4030-Y20R		1005-R70B	3020-B10	5010-B10G	5020-G50Y		2502-B	0510-Y50	3030-Y50R	7010-R30B
218,220,208	189,192,153	134,174,166	171,113,27		230,236,228	134,174,166	104,118,120	111,111,51		189,197,182	254,235,196	212,125,78	66,12,34

4005-G90Y   5020-G1C
149,161,133   78,108,71

2005-G30Y   6020-G1C
199,215,180   39,66,20

2010-G90Y   5005-B20
209,213,152   126,136,120

2010-G90Y   4005-B20   5010-B90G
209,213,152   141,155,142   103,122,102

2005-B20G   2010-R50   4020-Y80R
194,213,193   203,193,196   170,102,86

2005-B20G   3020-Y80   7010-R30B
194,213,193   197,135,115   66,12,34

2502-B   1005-Y30   2020-Y40R   4010-G90Y
189,197,182   241,235,196   230,178,127   163,152,106

2005-R70B   1005-Y20   4030-Y20R   4010-G90Y
199,213,201   242,237,192   171,113,27   163,152,106

1502-R50B   2010-R50   3020-Y40R   5020-B
218,220,208   203,193,196   198,149,102   68,98,119

1005-Y20R 242,237,192
3020-Y10 198,172,102
2010-Y10R 213,205,149
4020-G9C 156,142,78
2005-Y 214,216,176
5010-G5C 126,128,92
2005-Y 214,216,176
5010-G5C 126,128,92
5020-G50Y 111,111,51
2005-G90Y 209,214,175
5010-G5C 126,128,92
6020-G10Y 39,66,20
2005-Y 214,216,176
4020-G9C 156,142,78
5020-G50Y 111,111,51
1502-Y50R 229,226,202
1515-Y20 221,194,145
4020-G90Y 156,142,78
3030-Y50R 212,125,78
1502-Y50R 229,226,202
2010-Y20 218,202,148
5010-G50Y 126,128,92
6020-Y80R 110,29,4
2005-Y40R 218,207,172
2010-Y90 217,184,167
4010-G90Y 163,152,106
6020-R80B 23,39,89

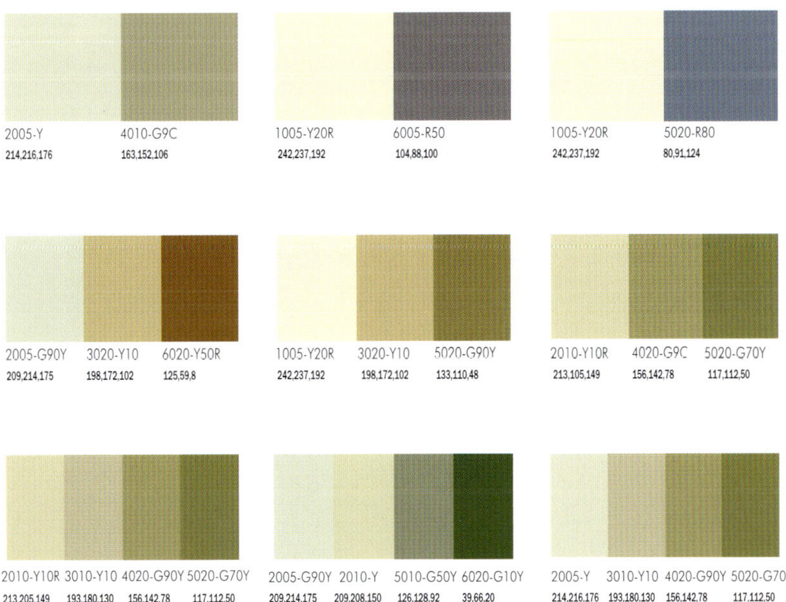

2005-Y	4010-G9C		1005-Y20R	6005-R50		1005-Y20R	5020-R80
214,216,176	163,152,106		242,237,192	104,88,100		242,237,192	80,91,124

2005-G90Y	3020-Y10	6020-Y50R	1005-Y20R	3020-Y10	5020-G90Y	2010-Y10R	4020-G9C	5020-G70Y
209,214,175	198,172,102	125,59,8	242,237,192	198,172,102	133,110,48	213,105,149	156,142,78	117,112,50

2010-Y10R	3010-Y10	4020-G90Y	5020-G70Y	2005-G90Y	2010-Y	5010-G50Y	6020-G10Y	2005-Y	3010-Y10	4020-G90Y	5020-G70Y
213,205,149	193,180,130	156,142,78	117,112,50	209,214,175	209,208,150	126,128,92	39,66,20	214,216,176	193,180,130	156,142,78	117,112,50

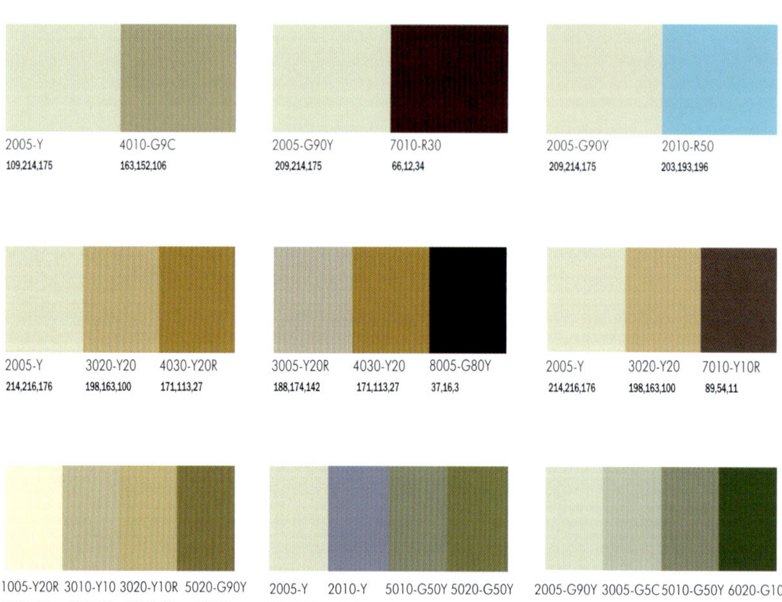

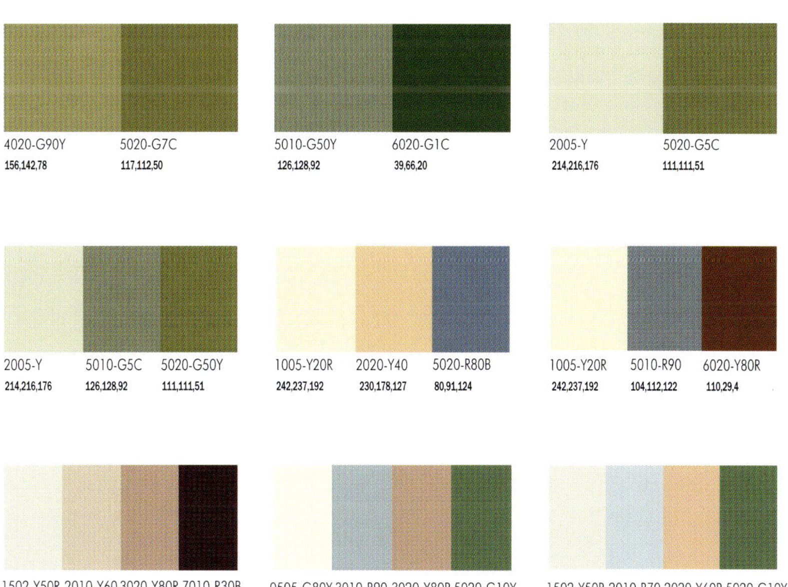

| 4020-G90Y | 5020-G7C | | 5010-G50Y | 6020-G1C | | 2005-Y | 5020-G5C |
| 156,142,78 | 117,112,50 | | 126,128,92 | 39,66,20 | | 214,216,176 | 111,111,51 |

| 2005-Y | 5010-G5C | 5020-G50Y | 1005-Y20R | 2020-Y40 | 5020-R80B | 1005-Y20R | 5010-R90 | 6020-Y80R |
| 214,216,176 | 126,128,92 | 111,111,51 | 242,237,192 | 230,178,127 | 80,91,124 | 242,237,192 | 104,112,122 | 110,29,4 |

| 1502-Y50R | 2010-Y60 | 3020-Y80R | 7010-R30B | 0505-G80Y | 3010-R90 | 3020-Y80R | 5020-G10Y | 1502-Y50R | 2010-R70 | 2020-Y60R | 5020-G10Y |
| 229,226,202 | 222,190,161 | 197,135,115 | 66,12,34 | 250,253,213 | 156,173,173 | 197,135,115 | 78,108,71 | 229,226,202 | 194,204,206 | 228,165,129 | 78,108,71 |

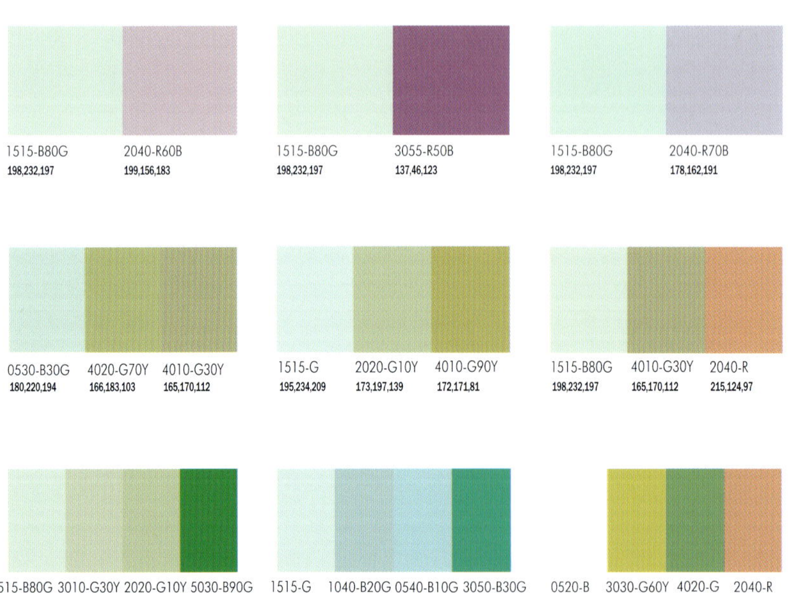

1515-B80G	2040-R60B
198,232,197	199,156,183

1515-B80G	3055-R50B
198,232,197	137,46,123

1515-B80G	2040-R70B
198,232,197	178,162,191

0530-B30G	4020-G70Y	4010-G30Y
180,220,194	166,183,103	165,170,112

1515-G	2020-G10Y	4010-G90Y
195,234,209	173,197,139	172,171,81

1515-B80G	4010-G30Y	2040-R
198,232,197	165,170,112	215,124,97

1515-B80G	3010-G30Y	2020-G10Y	5030-B90G
198,232,197	188,207,162	173,197,139	6,118,65

1515-G	1040-B20G	0540-B10G	3050-B30G
195,234,209	150,198,183	146,211,199	12,144,117

0520-B	3030-G60Y	4020-G	2040-R
240,250,241	191,194,61	87,153,92	215,124,97

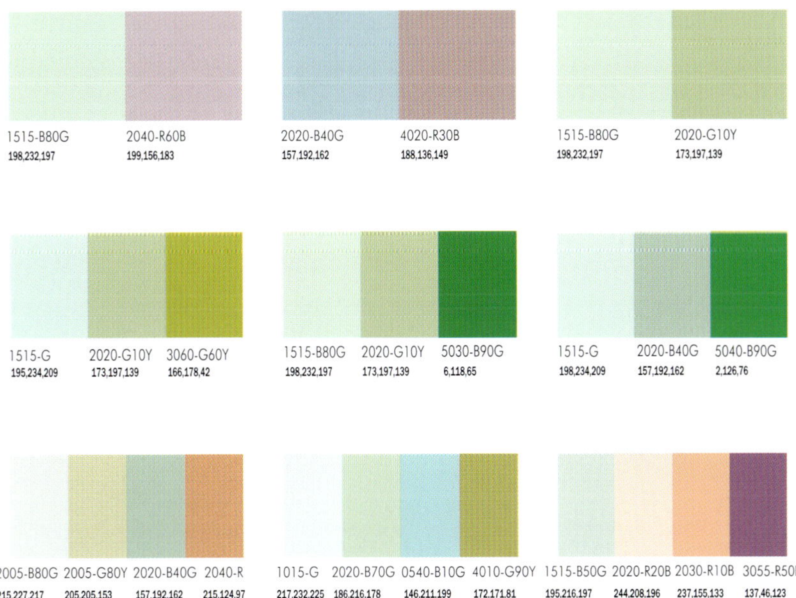
1515-B80G
198,232,197
2040-R60B
199,156,183
2020-B40G
157,192,162
4020-R30B
188,136,149
1515-B80G
198,232,197
2020-G10Y
173,197,139
1515-G
195,234,209
2020-G10Y
173,197,139
3060-G60Y
166,178,42
1515-B80G
198,232,197
2020-G10Y
173,197,139
5030-B90G
6,118,65
1515-G
198,234,209
2020-B40G
157,192,162
5040-B90G
2,126,76
2005-B80G
215,227,217
2005-G80Y
205,205,153
2020-B40G
157,192,162
2040-R
215,124,97
1015-G
217,232,225
2020-B70G
186,216,178
0540-B10G
146,211,199
4010-G90Y
172,171,81
1515-B50G
195,216,197
2020-R20B
244,208,196
2030-R10B
237,155,133
3055-R50B
137,46,123

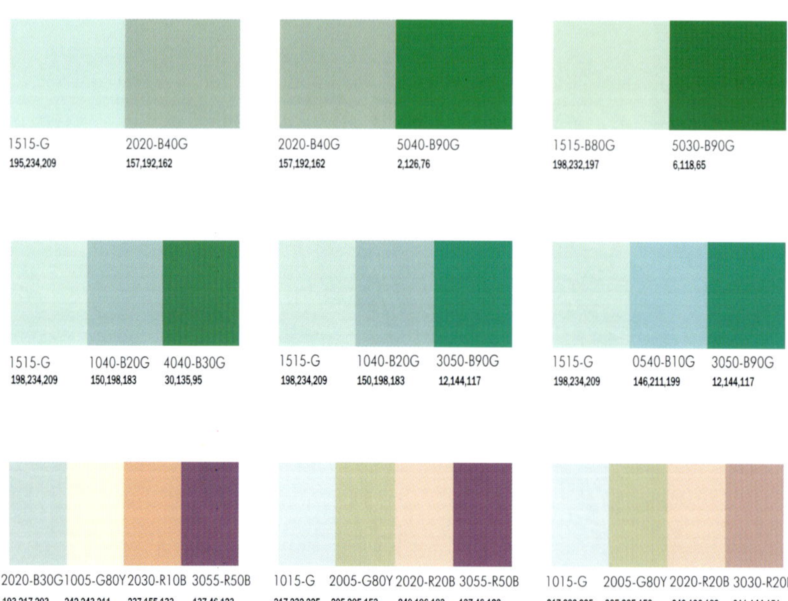

1515-G
195,234,209
2020-B40G
157,192,162
2020-B40G
157,192,162
5040-B90G
2,126,76
1515-B80G
198,232,197
5030-B90G
6,118,65
1515-G
198,234,209
1040-B20G
150,198,183
4040-B30G
30,135,95
1515-G
198,234,209
1040-B20G
150,198,183
3050-B90G
12,144,117
1515-G
198,234,209
0540-B10G
146,211,199
3050-B90G
12,144,117
2020-B30G
193,217,203
1005-G80Y
242,243,211
2030-R10B
237,155,133
3055-R50B
137,46,123
1015-G
217,232,225
2005-G80Y
205,205,153
2020-R20B
240,196,183
3055-R50B
137,46,123
1015-G
217,232,225
2005-G80Y
205,205,153
2020-R20B
240,196,183
3030-R20B
211,144,151

1515-G	5040-B90G
195,234,209	2,126,76

1515-G	1040-B20G
195,234,209	150,198,183

1515-G	2040-R70B	4040-R30B
195,234,209	178,162,191	161,71,70

1515-G	2030-R50B	3055-R50B
195,234,209	207,152,155	137,46,123

4020-G	2050-R90B	2040-R	1555-B10G
87,153,92	124,162,209	215,124,97	21,165,176

1015-G	1030-R70B	2005-G80Y	1555-B10G
217,232,225	211,210,224	205,205,153	21,165,176

6

파랑

파랑을 좋아하는 사람은 내향적이며 감수성이 강하다. 또 강한 신념을 갖고 있으며 감정억제가 완벽하다. 또 참을성이 있으며 자신의 일에 성실하게 전념한다. 유행을 쫓지는 않지만 말이나 행동, 복장에도 많은 신경을 쓴다.

파랑은 목과 갑상선과 연결되어 있다. 파랑은 혈압을 낮추는 기능을 한다.

영화 그랑 블루는 바다를 상징한다. 그랑 블루는 바다사고 때문에 다이버인 아버지를 잃은 자크의 어린 시절부터 시작된다. 구조 밧줄이 끊겨져 바다 밑으로 가라앉는 아버지를 보는 아들의 심정은 어떠했을까? 아버지를 닮아가는 듯 자크는 아버지가 잠들어 있는 깊은 바다 속으로 잠수한다. 죽음과 삶이 공존하는 세계! 그 곳에서 자크는 평안함을 얻는다. 이것이 그랑 블루의 줄거리다. 크쥐쉬토프 키에슬로프스키 감독은 영화 블루에서 자유를 말한다.

파랑은 차가운 느낌을 주지만 마음을 안정시켜 준다. 파랑은 마음을 안정시켜 심신을 회복시킨다. 피카소에게 있어 파랑은 비참함, 핏기 없음, 굶주림과 절망으로 존재한다. 파랑은 호감, 조화, 우정, 신뢰의 색이다. 또 위대함의 색이며 휴식과 긴장 완화를 상징한다. 파랑은 상호간의 이해를 미덕으로 삼는 색이다. 파랑은 하늘이다.

라빌레트 공원

우리는 눈이 피곤할 때, 하늘을 보는 경향이 있다. 왜냐하면 파랑은 우리들을 진정시키는 작용을 하기 때문이다. 그래서 신성한 색, 영원한 색이기도 하다. 파랑은 수동적이며 조용한 색이다. 파랑은 오행사상에서 동쪽 방향을 가리킨다. 파랑은 청결과 고독의 색이다. 파랑은 평범하고 공허하기도 하지만, 깊은 성찰과 반성의 마음을 유발시키기도 한다. 파랑은 무한성의 색이다.

빌레트 공원의 과학 산업관의 파랑색은 우주를 상징하는 듯하다. 그러나 과학관의 파랑색만 우주를 상징하는 것 같지는 않다. 과학관과 잘 어울리는 거대한 돔도 우주를 상징하고 있다. 이 돔은 거대한 360도 스크린이 있는 영화관이다. 이 영화관은 시각, 청각의 복합영상으로 마치 실제로 우주를 여행하는 것과 같은 환상적인 체험을 제공한다. 과학 산업관은 미래에 사용될 최신의 과학용품들을 보여준다. 또 관람객들이 직접 조작해 볼 수 있는 각종 기기들을 운영하고 있다. 이 과학관에는 세 개의 주제가 깃들여 있다. 그것은 곧, 건물을 에워싸고 있는 물, 온실에서 자라는 식물, 둥근 지붕을 통해 드는 빛이다.

빌레트의 과학 산업관이 우주를 상징하여 파랑색을 사용하였다면, 암스테르담 실로담의 필로티는 물을 상징하는 듯하다. 실로담의 필로티는 물과 잘 어울리는 파랑색도 돋보이지만 똑바른 수직이 아닌 사선의 형태 때문에도 우리들의 시선을 모은다. 실로담의 복도를 걸으면서 깜짝 놀란 적이 있다. 왜냐하면 복도가 온통 샛노랗게, 새파랗게 칠해져 있있기 때문이다. 복도의 짙은 파란색 내문에 심한 현기증을 느끼면서 이런 색재를 사용한 건축가의 진정한 의도를 의심할 수 밖에 없었다. 왜 복도에 짙은 파랑색을 사용하였을까? 르 꼬르뷔지에의 사보아 주택의 영향을 받은걸까? 르 꼬르뷔지에는 진출색과 후퇴색의 개념을 활용하여 공간을 확장시키기도 하고, 압축시키기도 한다.

헬멋 얀은 몽블랑의 만년필로 그린 스케치로 유명하다. 보통의 색이 아닌 자줏빛의 만년필이 만드는 색깔은 인상적인 이미지를 만들어 내기에 충분하다. 시카고 주정부 건물은 헬멋 얀이 설계한 작품으로서 많은 논란이 있었던 건물이다. 논란의 시작은 건물의 이미지에서 비롯되었다. 일반인들은 주정부 건물쯤 되면 권위가 있어야 한다고 생각하였다. 그러나 시카고 주정부 건물은 다른 관공서 건물에 찾아 볼 수 없는 그런 권위가 느껴지지 않는다. 시카고 주정부 건물은 모더니즘의 박스형 건물을 탈피하여 곡선의 형태를 갖는 건물을 만드려는 의도에서 세워진 건물이다. 그렇기 때문에 이 건물에는 자유로움이 있다. 시카고 주정부 건물을 파랑색으로 완성한 것은 자유로움을 표현하려는 의도였을까?

파랑–녹색의 배색은 하늘과 땅이 결합되어 있는 색이다. 파랑–흰색은 영리함, 학문, 집중을 의미한다. 또 파랑–흰색은 안정을 불러일으킨다. 파랑–흰색–은색은 식료품의 포장으로 이상적인 배색이다. 파랑–녹색–흰색은 휴식을 나타내는 전형적인 배색이다.

베를린의 거리

시카코 주정부 빌딩

실험주택, 오사카

베르시의 경기장, 파리

베를린 거리

영국 대사관

로코 아일랜드

실로담, 암스테르담

시카고 주정부 빌딩, 헬멋 얀

베를린 극장

사보아 주택

실로담 내부, MVRDV

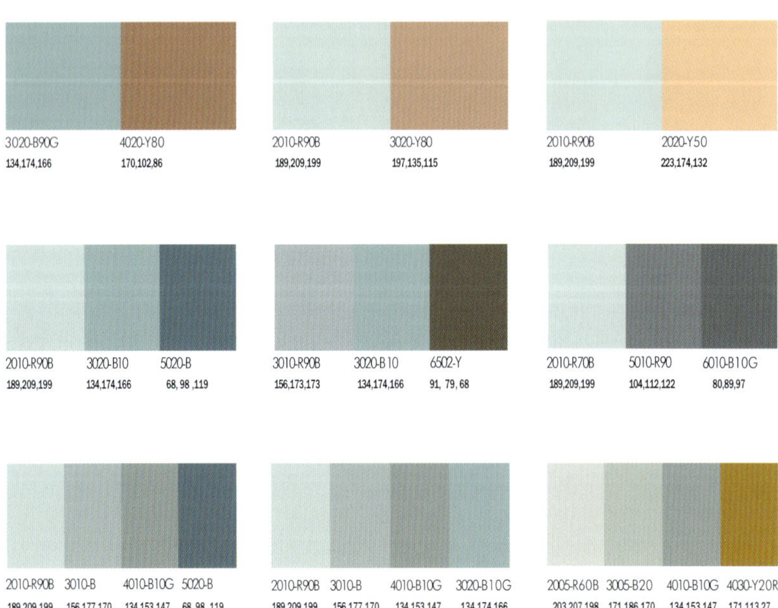

3020-B90G	4020-Y80		2010-R90B	3020-Y80		2010-R90B	2020-Y50
134,174,166	170,102,86		189,209,199	197,135,115		189,209,199	223,174,132

2010-R90B	3020-B10	5020-B		3010-R90B	3020-B10	6502-Y		2010-R70B	5010-R90	6010-B10G
189,209,199	134,174,166	68,98,119		156,173,173	134,174,166	91,79,68		189,209,199	104,112,122	80,89,97

2010-R90B	3010-B	4010-B10G	5020-B		2010-R90B	3010-B	4010-B10G	3020-B10G		2005-R60B	3005-B20	4010-B10G	4030-Y20R
189,209,199	156,177,170	134,153,147	68,98,119		189,209,199	156,177,170	134,153,147	134,174,166		203,207,198	171,186,170	134,153,147	171,113,27

4010-B10C 6020-Y80
134,153,147 110,29,4

2010-R90B 4020-Y80
189,209,199 170,102,86

2010-R90B 3020-B10
189,209,199 134,174,166

2010-R90B 4010-R90 3020-B10G
189,209,199 134,145,147 134,147,166

2010-R90B 4010-B10 5020-B
189,209,199 134,153,147 68, 98, 119

2010-R90B 3020-B10 5010-B90G
189,209,199 134,174,166 103,122,102

1010-R70B 3005-B20 4010-R90B 5020-G70Y
219,227,223 171,186,170 134,145,147 117,112,50

1010-R70B 3010-B 5010-R90B 6020-G10Y
219,227,223 156,177,170 104,112,122 39, 66, 20

2005-R60B 1005-Y20 1502-B50G 6030-Y70R
203,207,198 242,237,192 223,189,118 110, 19, 20

2010-R90B
189,209,199
4010-B10
134,153,147

2010-R90B
189,209,199
5020-B
68, 98 ,119

4010-B10G
134,153,147
3020-B10
134,174,166

2010-R90B
189,209,199
4010-B10
134,153,147
3020-B10G
134,147,166

2010-R90B
189,209,199
3020-Y30
203,157,98
7010-R30B
66, 12, 34

2010-R90B
189,209,199
2020-Y40
230,178,127
7010-R30B
66, 12, 34

1010-R70B
219,227,223
3010-Y10
193,180,130
3020-Y20R
198,163,100
3030-Y50R
212,125,78

1010-R70B
219,227,223
3005-G8C
189,192,153
3020-Y10R
198,172,102
6030-Y70R
110, 19, 2

1010-R70B
219,227,223
2010-R50
203,193,196
3020-Y10R
198,172,102
5020-R80B
80, 91, 124

4010-B10G	5020-B
134,153,147	68,98,119

2010-R90B	5010-B90
189,209,199	103,122,102

2010-R90B	4010-G9C	5030-Y30R
189,209,199	163,152,106	148, 82 , 9

2010-R90B	4010-G9C	6020-Y60R
189,209,199	163,152,106	117, 48 , 7

3020-B10G	4010-G9C	6020-G10Y	5030-R90B
134,174,166	163,152,106	39, 66, 20	33, 71 ,118

1010-R70B	2010-Y90	5010-G50Y	5020-R80B
219,227,223	217,184,167	126,128,92	80, 91, 124

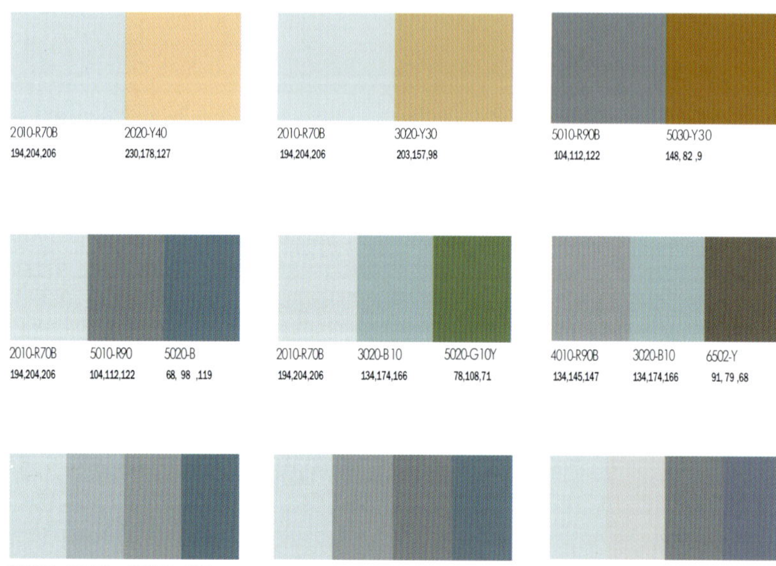

2010-R70B   2020-Y40
194,204,206   230,178,127

2010-R70B   3020-Y30
194,204,206   203,157,98

5010-R90B   5030-Y30
104,112,122   148, 82 ,9

2010-R70B   5010-R90   5020-B
194,204,206   104,112,122   68, 98 ,119

2010-R70B   3020-B10   5020-G10Y
194,204,206   134,174,166   78,108,71

4010-R90B   3020-B10   6502-Y
134,145,147   134,174,166   91, 79 ,68

2010-R70B   3010-R90   4010-R90B   5020-B
194,204,206   156,173,173   134,145,147   68, 98, 119

2010-R70B   4010-R90   5010-R90B   5020-B
194,204,206   134,145,147   104,112,122   68, 98 ,119

2010-R70B   2010-R60   5010-R90B   5020-R80B
194,204,206   198,196,198   104,112,122   80, 91 ,124

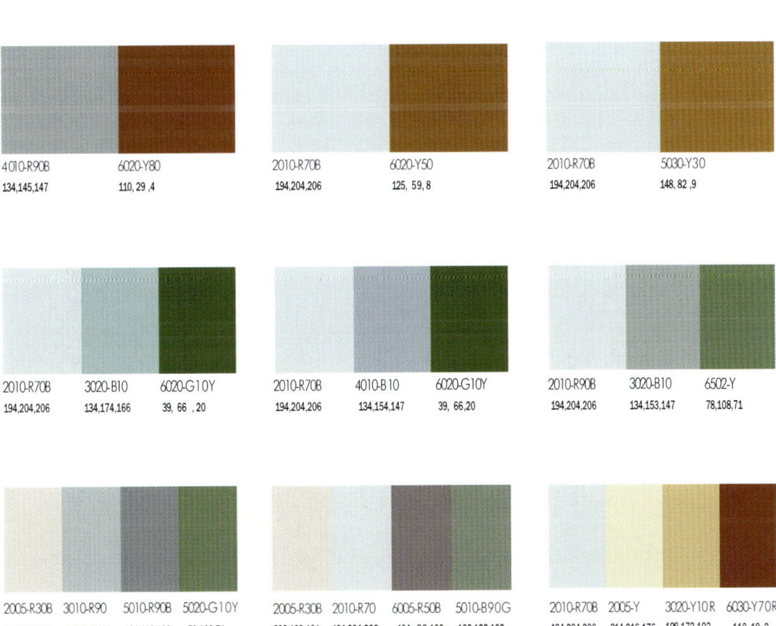

4010-R90B
134,145,147
6020-Y80
110, 29 ,4
2010-R70B
194,204,206
6020-Y50
125, 59, 8
2010-R70B
194,204,206
5030-Y30
148, 82 ,9
2010-R70B
194,204,206
3020-B10
134,174,166
6020-G10Y
39, 66 , 20
2010-R70B
194,204,206
4010-B10
134,154,147
6020-G10Y
39, 66,20
2010-R90B
194,204,206
3020-B10
134,153,147
6502-Y
78,108,71
2005-R30B
208,199,191
3010-R90
156,173,173
5010-R90B
104,112,122
5020-G10Y
78,108,71
2005-R30B
208,199,191
2010-R70
194,204,206
6005-R50B
104, 88,100
5010-B90G
103,122,102
2010-R70B
194,204,206
2005-Y
214,216,176
3020-Y10R
198,172,102
6030-Y70R
110, 19, 2

2010-R70B
194,204,206
4010-R90
134,145,147

2010-R70B
194,204,206
5010-R90
104,112,122

4010-R90B
134,145,147
5020-B
68, 98 ,119

2010-R70B
194,204,206
4010-R90
134,145,147
5020-B
68, 98 , 119

2010-R70B
194,204,206
5010-R 90
104,112,122
5020-B
68, 98,119

2010-R70B
194,204,206
3020-Y20
198,163,100
6030-Y70R
110,19,2

2010-R70B
194,204,206
2502-G
194,203,180
4020-G90Y
156,142,78
6030-Y70R
110, 19 ,2

2005-R30B
208,199,191
3005-B20
171,186,170
5010-G50Y
126,128,92
6020-Y50R
125,59,8

5020-B
68, 98,119
4010-G9C
163,152,106
6020-G10Y
39, 66, 20
5020-R80B
80, 91, 124

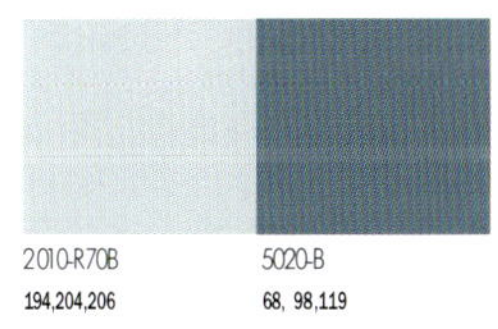

2010-R70B
194,204,206
5020-B
68, 98,119

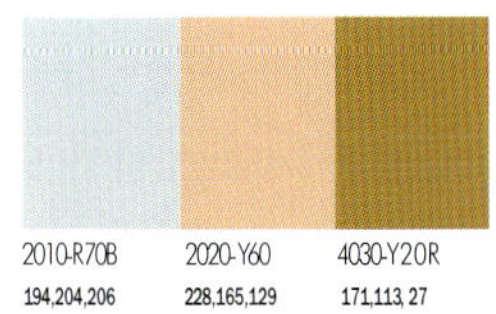

2010-R70B
194,204,206
2020-Y60
228,165,129
4030-Y20R
171,113, 27

2005-R30B
208,199,191
2010-Y90
217,184,167
5005-B20G
126,136,120
7010-R30B
66, 12 ,34

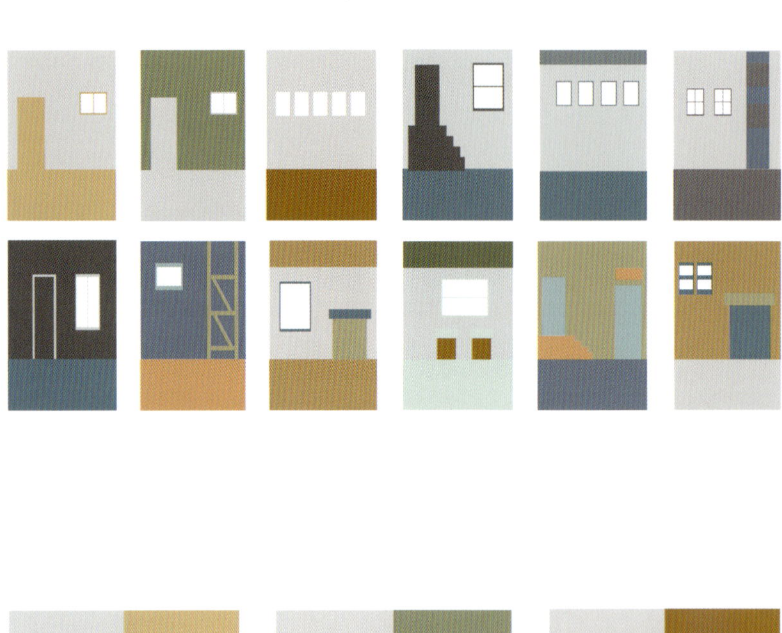

2010-R50B	3020-Y30		2010-R50B	5010-G5C		2010-R50B	5030-Y30
203,193,196	203,157,98		203,193,196	126,128,92		203,193,196	148,82,9

2010-R60B	5020-B	6502-B	2010-R60B	5010-R90	5020-B	2010-R50B	6005-R50	5020-R80B
198,196,198	68,98,119	79,72,74	198,196,198	104,112,122	68,98,119	203,193,196	104,88,100	80,91,124

5020-R80B	3030-Y50	3020-B10G	4010-G90Y	2010-R50B	4020-Y40	5020-B	4010-G90Y	2010-R60B	2005-B	6010-G30Y	5030-Y30R
80,91,124	212,125,78	134,174,166	163,152,106	203,193,196	179,122,71	68,98,119	163,152,106	198,196,198	194,211,196	90,95,65	148,82,9

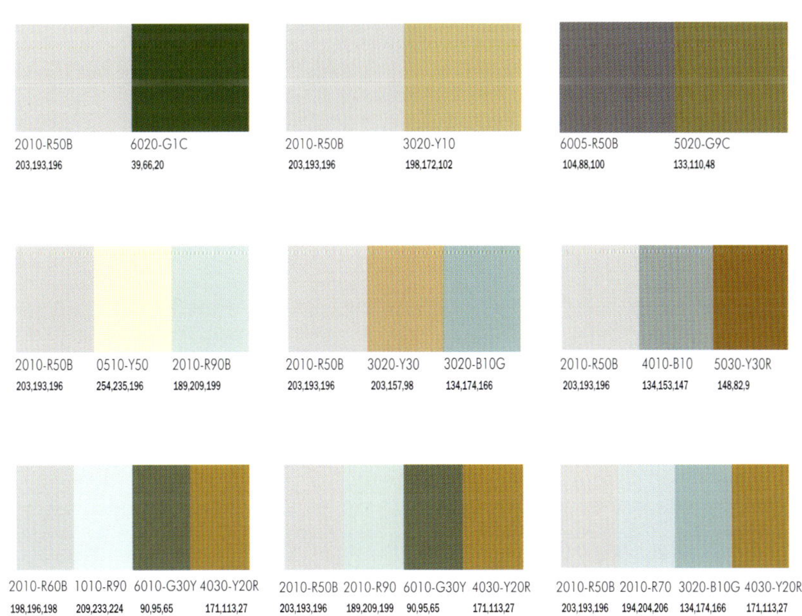

2010-R50B   6020-G1C
203,193,196   39,66,20

2010-R50B   3020-Y10
203,193,196   198,172,102

6005-R50B   5020-G9C
104,88,100   133,110,48

2010-R50B   0510-Y50   2010-R90B
203,193,196   254,235,196   189,209,199

2010-R50B   3020-Y30   3020-B10G
203,193,196   203,157,98   134,174,166

2010-R50B   4010-B10   5030-Y30R
203,193,196   134,153,147   148,82,9

2010-R60B   1010-R90   6010-G30Y   4030-Y20R
198,196,198   209,233,224   90,95,65   171,113,27

2010-R50B   2010-R90   6010-G30Y   4030-Y20R
203,193,196   189,209,199   90,95,65   171,113,27

2010-R50B   2010-R70   3020-B10G   4030-Y20R
203,193,196   194,204,206   134,174,166   171,113,27

2010-R50B   6020-G1C
203,193,196   39,66,20

2010-R50B   3020-Y10
203,193,196   198,172,102

6005-R50B   5020-G9C
104,88,100   133,110,48

2010-R50B   0510-Y50   2010-R90B
203,193,196   254,235,196   189,209,199

2010-R50B   3020-Y30   3020-B10G
203,193,196   203,157,98   134,174,166

2010-R50B   4010-B10   5030-Y30R
203,193,196   134,153,147   148,82,9

2010-R50B 2010-R70 3020-B10G 6020-G10Y
203,193,196   194,204,206   134,174,166   39,66,20

5020-R80B 4020-Y80 5020-G10Y 7010-R30B
80,91,124   170,102,86   78,108,71   66,12,34

5020-R80B 3030-Y50 5020-G10Y 7010-R30B
80,91,124   212,125,78   78,108,71   66,12,34

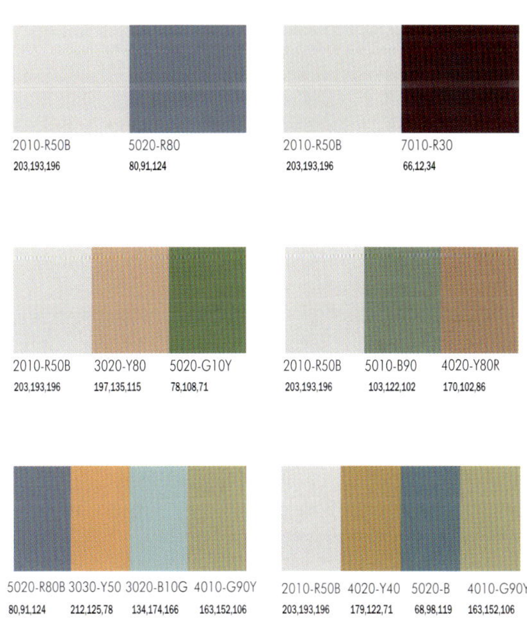

2010-R50B	5020-R80
203,193,196	80,91,124

2010-R50B	7010-R30
203,193,196	66,12,34

2010-R50B	3020-Y80	5020-G10Y
203,193,196	197,135,115	78,108,71

2010-R50B	5010-B90	4020-Y80R
203,193,196	103,122,102	170,102,86

5020-R80B	3030-Y50	3020-B10G	4010-G90Y
80,91,124	212,125,78	134,174,166	163,152,106

2010-R50B	4020-Y40	5020-B	4010-G90Y
203,193,196	179,122,71	68,98,119	163,152,106

0500-N	5020-G5C		0500-N	6020-G1C
255,255,255	111,111,51		255,255,255	39,66,20

0500-N	4010-G9C	7010-R30B		6010-R10B	6020-Y30	8000-N
255,255,255	163,152,106	66, 12 , 34		104, 67, 70	117, 58, 9	45, 45 , 45

2002-R50B	3005-B20	4005-G20Y	5030-Y30R		2002-R50B	2010-Y80	3020-B10G	7010-R30B
229,222,215	171,186,170	149,161,133	142, 82 ,9		229,222,215	217,184,163	134,174,166	66, 12, 34

0540-B
176,221,226
2005-G80Y
205,205,153
0540-B
176,221,226
2020-R20B
240,196,183
0540-B
176,221,226
1560-R90B
115,173,186
0540-B
176,221,226
1050-R90B
132,184,205
2060-B
10,144,184
1030-R90B
188,212,216
0540-B10G
146,211,199
4020-G
87,153,92
1040-R90B
155,190,192
0540-B10G
146,211,199
4502-B
152,159,141
0540-B
176,221,226
0540-B
170,219,224
1050-R90B
132,184,205
2060-B
10,144,184
1030-R90B
188,212,216
1010-B70G
219,239,202
1515-B80G
240,243,126
2050-R
229,107,84
1030-R90B
195,214,220
0502-B50G
200,234,201
1515-B80G
240,243,126
2050-R
229,107,84

1040-R90B
186,214,228
1050-R90B
132,184,205
1560-R90B
115,173,186
1565-B
8,153,180
0540-B
176,221,226
0540-B10G
146,211,199
5030-B90G
6,118,65
1040-R90B
186,214,228
1050-R90B
132,184,205
2055-B10G
14,133,174
0520-R90B
225,240,241
2030-R60B
203,182,188
2020-G10Y
173,197,139
4050-R90B
39,72,117
0520-R90B
225,240,241
2020-R50B
202,176,178
2020-B40G
157,192,162
4050-R90B
39,72,117

1020-B	2040-R50B
200,230,222	207,152,155

1030-B30G	2020-R20B
171,217,214	240,196,183

0540-B10G	2040-R
146,211,199	215,124,97

1030-B30G	0540-B10G	2060-B
171,217,214	146,211,199	10,144,184

1040-B	0540-B10G	4502-B
166,206,205	146,211,199	152,159,141

1030-B30G	1050-R90B	3050-B30G
171,217,214	132,184,205	12,144,117

0520-R90B	4020-G	0540-B10G	3030-G60Y
228,243,238	87,153,92	146,211,199	191,194,61

0530-B	1510-G40Y	1030-Y	3050-R20B
188,219,214	230,235,194	242,240,140	174,55,61

0530-R80B	3010-G30Y	4010-G30Y	4040-R30B
208,224,223	188,207,162	165,170,112	161,71,70

1020-B
200,230,222
0540-B10G
146,211,199

0540-B10G
146,211,199
3050-B30G
12,144,117

1020-B
200,230,222
3050-B30G
12,144,117

0530-B
200,230,222
0540-B10G
146,211,199
3050-B30G
12,144,117

1030-B30G
171,217,214
1560-R90B
115,173,186
1555-B10G
21,165,176

1030-B30G
171,217,214
0540-B10G
146,211,199
3050-B30G
12,144,117

0530-B
188,219,214
1515-B80G
240,243,198
1030-Y
242,240,140
3050-R20B
174,55,61

0530-B
188,219,214
1510-G40Y
230,235,194
1030-Y
242,240,140
3050-R20B
174,55,61

0540-R80B
146,211,199
1040-R60B
177,171,209
3030-G60Y
191,194,61
2060-R
10,144,184

1030-B30G
171,217,214
1560-R90B
115,173,186
2030-B10G
150,198,183
4040-B30G
30,135,95
2030-B10G
150,198,183
3050-B30G
12,144,117
1030-B30G
171,217,214
2020-R20B
240,196,183
3055-R50B
137,46,123
1030-B30G
171,217,214
2005-G80Y
205,205,153
3055-R50B
137,46,123
1030-B30G
171,217,214
2040-R60B
199,156,183
3030-R10B
215,133,109
0540-B10G
146,211,199
2040-R60B
199,156,183
3060-G60Y
166,178,42
2055-B10G
14,133,174
1020-B
212,234,226
2030-R70B
207,197,208
4010-G30Y
165,170,112
2055-B10G
14,133,174
0530-R80B
208,224,223
1040-R60B
200,184,195
2020-G10Y
173,197,139
4050-R90B
39,72,117

7

검정

검정은 세련된 색이기도 하면서 죽음을 의미하는 색이기도 하다. 그리고 블랙 박스라는 말처럼 검정은 드러나지 않은 무엇을 상징하기도 한다. 해체주의자인 베르나르 츄미가 빨간색을 즐겨 사용한다면 렘 쿨하스는 검정색을 즐겨 사용하는 건축가이다. 일본의 구마모토에 소재한 넥서스 월드는 렘쿨하스가 검정색을 사용한 대표적인 건

물이다. 최근에 완공된 리움 미술관도 검정색을 사용한 렘 쿨하스의 건물이다. 검정색은 외관색채보다는 실내에 많이 사용되는 경향이 있다. 특히, 바닥의 경우에 검정색이 많이 사용된다. 바닥에 검정색을 사용한 건축가로서 근대 건축가의 한 사람인 미스 반데 로에를 생각할 수 있다. 르 꼬르뷔지에도 파리대학 기숙사촌에 있는 브라질 기숙사에서 검정색을 바닥에 사용하였다. 물론 사보아 주택에서도 르 꼬르뷔지에는 흰색과 함께 검정색을 사용하였다. 흰색과 검정의 배색은 서로 잘 어울린다. 그래서 실내 공간에서는 흰색과 검정의 대비가 많이 나타난다. 검정색은 세련

사보아 주택

Nexus 월드, 후쿠오카

브라질 기숙사

됨과 권위를 보여주는 색이기도 하다. 건물의 무게감을 더욱 강조하고 싶다면 어두운 검정색을 사용하는 것이 좋다. 그러나 검정색의 건물은 우리들에게 밝은 이미지를 제공하지는 못한다. 파리의 건물이나 암스테르담의 보조코 집합주택의 경우, 검정색에 가까운 외장재료가 사용되었다. 노인주택인 보조코 주택에서 노인이 선호하지 않는 검정을 MVRDV는 왜 사용하였을까? 과연 MVRDV는 노인의 심리적 특성을 고려하여 색채를 정한 것일까? 검정은 건물에 강한 이미지를 부여한다. 그러나 인간을 배려하는 휴머니즘의 색은 아니다.

라빌레트공원, 파리

보조크 하우스, 암스테르담   보르네오 아일랜드, 암스테르담   보르네오 아일랜드

8

노랑

노랑은 빨강, 파랑과 함께 세 가지의 일차색으로, 일차색은 다른 색을 혼합하여 만들 수 없는 순색이다. 그리고 노랑은 다른 어떤 색보다 밝다. 따라서 노랑은 경험을 포함하며 태양, 빛, 황금을 상징한다. 그럼에도 노랑이 건물에 자주 쓰이지 않는 이유는 무엇일까?

왜냐하면 노랑만큼 불안정하게 보이는 색도 없기 때문이다. 노랑은 빨간 기운을 더하면 주황이 되고 파란 기운을 더하면 녹색이 되어 검정을 약간 섞으면 더럽고 둔탁하게 변한다. 노랑은 다른 어떤 색보다도 곁에 있는 색에 의존한다. 노랑은 곁에 흰색이 있으면 밝게 빛나고, 검정이 있으면 강조된다. 노랑은 낙관주의의 색이다. 하지만 노랑은 또 분노와 거짓말, 질투의 색이기도 하다. 노랑은 깨달음과 이성의 색이면서 또 멸시 받는 자와 배반자의 색이기도 하다.

노랑에 관한 가장 원초적인 경험은 태양이다. 이 경험이 일반화되어 상징으로 나타나는데 노랑은 태양의 색이므로 명랑하고 쾌활하다. 낙관주의자들은 태양의 성품을 가지며 그들의 색은 노랑이다. 노랑은 즐겁고 미소처럼 빛난다. 노랑이 흥겨운 인상을 주려면 주황과 빨강이 필요하다. 노랑–주황–빨강은 즐거움을 나타내주는 전형적인 세 가지 색조이다. 삶의 즐거움, 적극성 에너지, 시끌벅적함도 모두 이에 속한다.

태양 빛은 사실 무색이지만 사람들은 노랑으로 느낀다.

라빌레트 공원 주변의 집합주택

노랑은 빛의 색으로 흰색에 가깝다. '빛'과 가벼움'은 특성상 동일한 성격을 갖는다. 노랑은 모든 색 가운데 가장 밝고 가벼운 색이다.

노랑은 멀리 있어도 뚜렷하게 보이고 가까이 있어도 눈에 띄기 때문에 경고를 요하는 경우 널리 사용된다. 노란 바탕 위에 검정은 독성이나 폭발성이 있는 물건, 또는 방사능 물질을 알리는 경고 표시이다. 노랑과 검정의 줄무늬는 경계표시판으로 높이가 낮고 폭이 좁은 통로나 기계의 위험한 모서리 부분을 알려 줄 때 쓰인다.

원색적인 노랑은 그렇게 많이 사용되고 있지 않지만 채도를 낮춘 파스텔 톤의 색은 환경색채에 많이 나타나는 색이다. 사실 어떻게 보면 환경색채의 색은 차가운 것보다는 따뜻한 계열을 쓰는 것이 좋을 때가 많다. 따뜻한 색깔로 대표적인 것으로 빨간색이 있다, 그러나 빨간색은 자극적이어서 환경색채에는 적합한 것이 아니다. 빨강 대신에 노랑이 이러한 역할을 한다. 노랑을 주조로 하는 환경색채는 따뜻한 느낌을 주고 명랑하고 밝은 느낌을 준다. 특히 노랑색의 채도를 낮춘 베이지색 계열은 환경색채로서 손색이 없다. 밝고 명랑하고 스피드를 상징하는 노랑색은 태양의 색으로서 우리의 마음을 치유할 수 있는 색이다. 노랑은 밝고 활기참을 우리에게 전한다.

풍피두를 설계했던 리차드 로저스의 작품인 포츠다머 플라츠 주변에 세워진 상가건물의 노란색은 우리의 시선을 모은다. 기계를 즐겨 사용하는 리차드 로저스의 취향이 잘 나타난 건물이다. 베를린 미테 거리의 건물들은 노랑색으로 주변환경과 차별화된 이미지를 보여 준다. 베를린의 프리드리히에 있는 원기둥의 건물의 노란색은 채도가 낮춰진 색이지만 어떤 스피드와 명랑함을 느끼게 한다. 이것은 프리드리히 샤인에 있는 건물의 경우도 마찬가지이다. 알도 로시가 녹색을 즐겨 사용한 것만은 아니다. 로시는 노란색도 사용하였다. 다른 것과 달리 중정에

베를린의 거리

베를린의 상가건물, 리차드 로저스   베를린 미테 거리

서 바라보는 노란색은 우리가 흔히 볼 수 있는 색은 아니다. 노란색으로 채색된 중정광장은 예상치 못했던 감동의 공간이었다. 구마모토에 있는 집합주택은 강렬한 색이 아닌 파스텔톤의 색으로 되어 있다.

파스텔톤의 색은 건물에 무난하게 사용할 수 있는 색이다. 로테르담에 있는 큐빅 하우스에서 우리는 네델란드인의 도전정신을 실감할 수 있다. 건물의 벽체가 항상 수직이어야 한다는 고정관념을 깨고 사선으로 벽체를 만든 것은 쉽게 생각할 수 있는 아이디어가 아니다. 큐빅하우스는 형태의 독특성 때문에 실제 생활은 다른 주택에 비하여 다소 기능이 떨어진다. 그러나 특이한 형태의 집에 살고 있다는 자부심을 거주자에게 준 것만으로도 그 주택은 성공하였다. 그러한 형태의 독특성을 배가시키는 역할을 한 것이 노란색이다.

일본의 고베에 있는 로코 아일랜드는 신흥 개발주거단지이다. 여기에서도 구마모토에 있는 집합주택과 마찬가지로 건물은 파스텔톤의 색을 사용하고 있다. 베를린 대사관 근처에 있는 건물은 창문이 강조된 노란색의 이미지이다. 포츠다머 플라츠는 베를린의 도심 중에서도 사람들이 많이 모이는 곳이다. 그래서 다른 지역에 비하여 보다 활기차게 만드는 것이 필요하였다.

그런 의미에서 노란색을 포츠다머 플라츠라에 사용했을 것이다. 노란색은 가

GSW 빌딩   프리드리히 샤인

시성이 높다는 특성 때문에 가로 시설물에도 많이 사용된다. 베를린의 쿠담 거리의 노란색 전화 박스는 사람의 인지도를 높여주면서도 가로시설물로도 아름다운 색채를 보여준다.

여행은 항상 즐겁다. 네덜란드 스키폴 공항의 노란색은 그런 여행객의 즐거움을 더한다. 실내 공간의 색도 명랑하고 밝은 분위기를 연출한다. 노란색의 자동차는 가장 사고를 적게 낸다고 한다. 건물과 함께 자동차도 환경색채를 이루는 구성요소 중 하나이다. 우리는 상식적으로 건물의 복노를 강한 노란색으로 채색하려 들지 않는다. 복도의 색을 영역마다 달리하여 실내공간에서도 영역성을 구분 지은 건축가가 있다. 바로 실로담 주택을 설계한 MVRDV이다. 포츠다머 플라츠의 티켓 박스는 노란색으로 채색되어 있다.

물론 이것이 우리들의 시선을 집중시키는 역할을 한다는 것에는 누구도 이의가 없다. 강렬한 색채를 사용한 노란색의 환경색채는 그리 흔한 것이 아

베를린 대사관 지역

니다. 그러나 밝고 명랑한 도시환경을 위해서 노란색을 적절하게 사용할 수도 있을 것이다.

포츠다머 플라츠

스키폴 공항

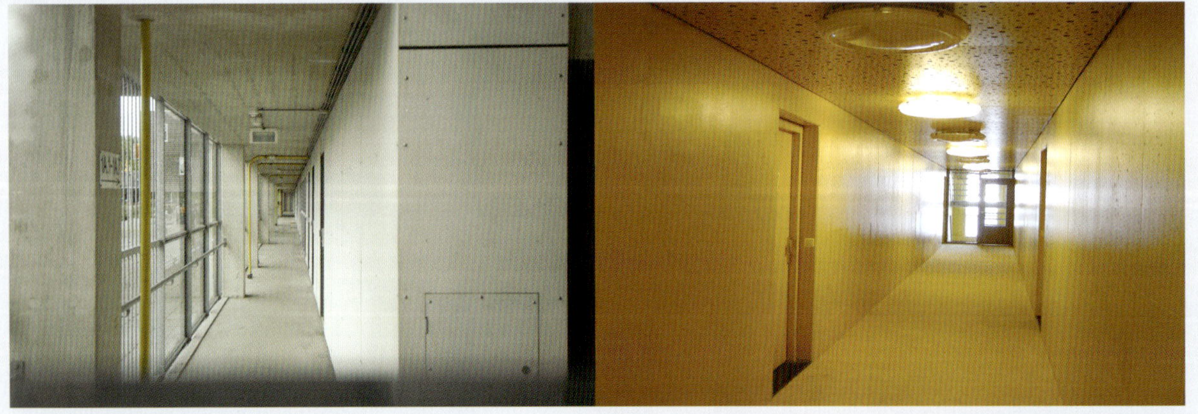

wozoco 주거, 복도

실로담

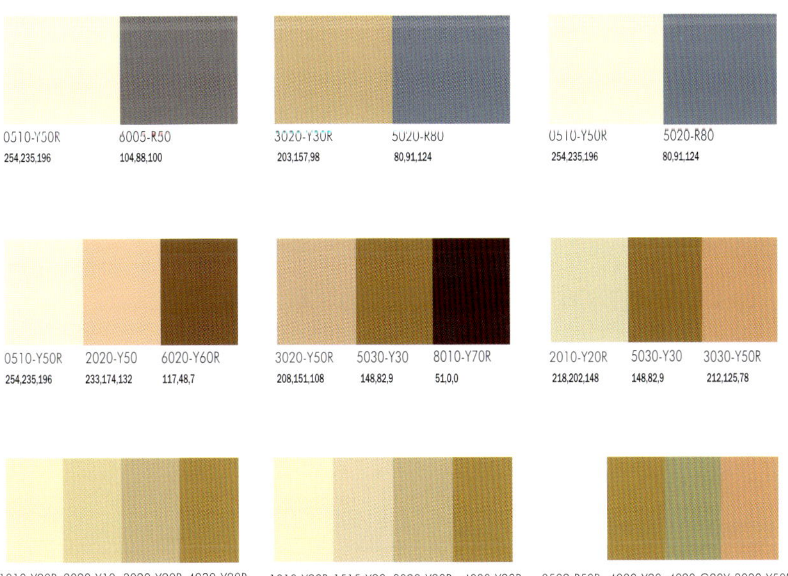

0510-Y50R	6005-R50		3020-Y30R	5020-R80		0510-Y50R	5020-R80
254,235,196	104,88,100		203,157,98	80,91,124		254,235,196	80,91,124

0510-Y50R	2020-Y50	6020-Y60R	3020-Y50R	5030-Y30	8010-Y70R	2010-Y20R	5030-Y30	3030-Y50R
254,235,196	233,174,132	117,48,7	208,151,108	148,82,9	51,0,0	218,202,148	148,82,9	212,125,78

1010-Y20R	2020-Y10	3020-Y20R	4030-Y20R	1010-Y20R	1515-Y20	3020-Y20R	4030-Y20R	0502-R50B	4030-Y20	4020-G90Y	3030-Y50R
255,232,176	218,197,127	198,163,100	171,113,27	255,232,176	221,194,145	198,163,100	171,113,27	252,251,240	171,113,27	156,142,78	212,125,78

0510-Y50R
254,235,196
5010-R90
104,112,122
3020-Y20R
198,163,100
5020-R80
80,91,124
3020-Y10R
198,172,102
5020-R80
80,91,124
2010-Y20R
218,202,148
3020-Y30
203,157,98
6020-Y80R
110,29,4
0510-Y50R
254,235,196
2020-Y50
233,174,132
4020-Y80R
170,102,86
0510-Y50R
254,235,196
3020-Y30
203,157,98
5030-Y30R
148,82,9
0502-R50B
252,251,240
3030-Y50
212,125,78
4020-Y40R
179,122,71
7010-R30B
66,12,34
0502-R50B
252,251,240
3030-Y50
212,125,78
4020-Y30R
179,129,73
4010-G90Y
163,152,106
0502-R50B
252,251,240
3030-Y50
212,125,78
3020-Y10R
198,172,102
4010-G90Y
163,152,106

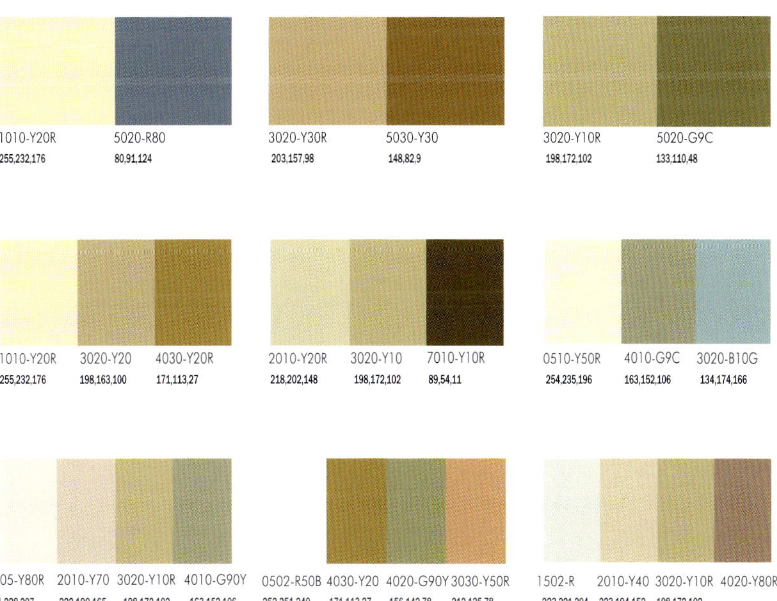
1010-Y20R
255,232,176
5020-R80
80,91,124
3020-Y30R
203,157,98
5030-Y30
148,82,9
3020-Y10R
198,172,102
5020-G9C
133,110,48
1010-Y20R
255,232,176
3020-Y20
198,163,100
4030-Y20R
171,113,27
2010-Y20R
218,202,148
3020-Y10
198,172,102
7010-Y10R
89,54,11
0510-Y50R
254,235,196
4010-G9C
163,152,106
3020-B10G
134,174,166
1005-Y80R
241,228,207
2010-Y70
222,190,165
3020-Y10R
198,172,102
4010-G90Y
163,152,106
0502-R50B
252,251,240
4030-Y20
171,113,27
4020-G90Y
156,142,78
3030-Y50R
212,125,78
1502-R
223,221,204
2010-Y40
223,194,152
3020-Y10R
198,172,102
4020-Y80R

0510-Y50R   5030-Y30
254,235,196   148,82,9

1010-Y20R   4030-Y20
255,232,176   171,113,27

0510-Y50R   3020-Y30
254,235,196   203,157,98

0510-Y50R   4010-B10   7010-R30B
254,235,196   134,153,147   66,12,34

2010-Y20R   2020-Y50   7010-R30B
218,202,148   233,174,132   66,12,34

1010-Y20R   2020-Y50   7010-R30B
255,232,176   233,174,132   66,12,34

0502-R50B   4030-Y20   4020-G90Y   3030-Y50R
252,251,240   171,113,27   156,142,78   212,125,78

0907-Y30R   2010-Y90   4010-G90Y   5030-R90B
234,215,184   217,184,167   163,152,106   33,71,118

1005-Y80R   2010-Y90   4010-G90Y   5020-R80B
241,228,207   217,184,167   163,152,106   80,91,124

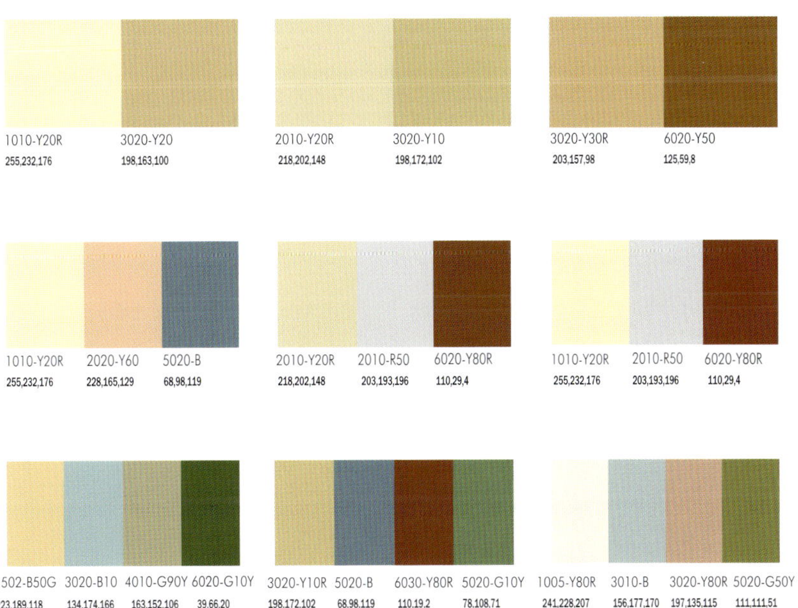

1010-Y20R
255,232,176
3020-Y20
198,163,100
2010-Y20R
218,202,148
3020-Y10
198,172,102
3020-Y30R
203,157,98
6020-Y50
125,59,8
1010-Y20R
255,232,176
2020-Y60
228,165,129
5020-B
68,98,119
2010-Y20R
218,202,148
2010-R50
203,193,196
6020-Y80R
110,29,4
1010-Y20R
255,232,176
2010-R50
203,193,196
6020-Y80R
110,29,4
1502-B50G
223,189,118
3020-B10
134,174,166
4010-G90Y
163,152,106
6020-G10Y
39,66,20
3020-Y10R
198,172,102
5020-B
68,98,119
6030-Y80R
110,19,2
5020-G10Y
78,108,71
1005-Y80R
241,228,207
3010-B
156,177,170
3020-Y80R
197,135,115
5020-G50Y
111,111,51

3020-Y10R
198,172,102

7010-Y10
89,54,11

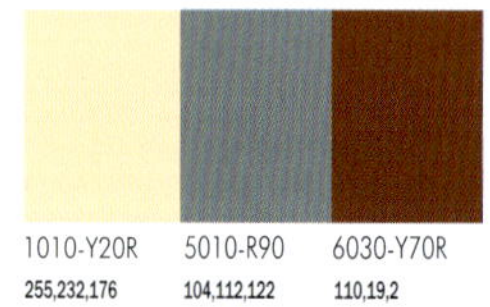

1010-Y20R
255,232,176

5010-R90
104,112,122

6030-Y70R
110,19,2

1002-R
240,237,222

3010-R90
156,173,173

3020-Y80R
197,135,115

6020-G10Y
39,66,20

1515-G80Y	2040-R80B		1510-G80Y	1050-R90B		1510-G80Y	2040-R80B
245,246,188	153,162,193		244,246,199	143,180,207		244,246,199	153,162,193

1510-G80Y	0540-B10G	3055-R50B	1515-G80Y	2020-R20B	3055-R50B	1510-G80Y	2020-R20B	2055-B10G
244,246,199	146,211,199	137,46,123	245,246,188	240,196,183	137,46,123	244,246,199	240,196,183	14,133,174

1005-B50G	2020-R20B	2040-R50B	1040-R70B	1505-Y20R	0540-B	2040-R50B	5040-B90G	1005-B50G	1040-R90B	2020-R20B	3050-B30G
228,235,219	244,208,196	207,152,155	177,171,209	235,235,211	176,221,226	207,152,155	2,126,76	228,235,219	173,206,215	240,196,183	12,144,117

빨강

환경색채에서 빨강색을 사용한 예는 다른 색채에 비해 훨씬 더 많다. 그러나 건물에는 채도가 높은 강렬한 빨간색을 많이 사용하지는 않는다.

일반적으로 빨강은 주조색보다는 강조색으로 활용하는 경우가 많다. 그러나 샌프란시스코의 금문교는 다리 전체를 빨간색으로 채색하여 만든 아름다운 구조물로 많은 사람들의 관심을 모은다. 금문교를 보면서 우리나라의 한강주변의 대교를 생각한다. 금문교와 같이 아름다운 다리들이 한강의 다리를 구성한다면 더욱 더 아름다운 한강의 주변경관을 만들 수 있을것이다. 베를린의 대사관 거리에는 정말 다양한 색채의 건물들이 많이 있다. 시카고 도심 주변의 오크 파크는 프랭크 로이드 라이트의 주택으로 유명하다. 프랭크 로이드 라이트가 오크 파크에서 몇십 채의 주택을 지은 적이 있다. 그런 주택 중에서 지붕을 빨간색으로 완성한 주택이 있다. 주택의 지붕을 붉은색 계통으로 마감하는 것도 우리는 생각해 보아야 한다. 피렌체의 도시 전체는 마치 붉은 색으로 수놓은 것처럼 강렬한 인상을 준다. 그

금문교　　　　　　　　　　　　　　　　　　　　　샌프란시스코 거리

오크파크, 프랭크 로이드 라이트

라빌레트, 베르나르 츄미

이유는 빨간색의 지붕 때문이다.

파리의 라 빌레트 공원은 빨간색의 공원이라고 말해도 과언이 아니다. 해체주의자가 즐겨 사용하는 색 중의 하나가 빨간색이다. 라 빌레트 공원을 설계한 베르나르 츄미가 왜 빨간색을 사용하였느냐는 질문에 빨간색은 색이 아니기 때문이라고 답한 적이 있다. 츄미는 색채에 대한 관념조차 해체하고 싶어서 우리가 색이라고 생각하는 빨강을 색이 아니라고 대답한 것이다. 유트레흐트 도시의 빨간색 건물은 우리의 시선을 즐겁게 하고, 어떤 에너지를 느끼게 한다. 렘쿨하스가 설계한 쿤스탈은 작품을 전시하는 미술관이다. 철골조의 건물이 예전의 미스 반 데어 로에가 설계한 국립 미술관의 이미지와도 비슷하지만 I 형강의 보를 강조한 것이 특징이다. I-형강을 강조하면서도 빨간색을 사용한 이유는 어떤 에너지를 보여주기 위한 것이리라. 스키폴 공항

쿤스탈, 렘 쿨 하스

스키폴 공항
슈뢰더 주택, 리트벨트, 유트레흐트

과 파리의 상점에서도 빨강의 에너지를 느낄 수 있다. 슈뢰더 주택에도 빨간색이 있다. 르 꼬르뷔제가 설계한 브라질 기숙사에는 빨강의 역동성이 있다. 이것은 렘 쿨하스가 설계한 교육시설에서도 예외가 아니다. 유트레흐트의 교육동의 실내공간의 빨간색에서는 어떤 힘이 느껴진다. 실로담의 복도에서 만난 아이의 이미지에는 미래를 동경하는 동심의 에너지가 있다. 빨간색을 표방하는 상업시설로서 페라리의 상점입구는 우리에게 강한 인상을 준다. 빨강을 포함한 배색코드는 힘찬(Powerful), 풍요로운(Rich), 낭만적인(Romentic), 생명력 있는(Vital), 에너지가 넘치는(Energetic)의 분위기를 연출하는 경향이 있다.

브라질 기숙사, 르꼬르뷔지에, 파리
실로담, MVRDV, 암스테르담

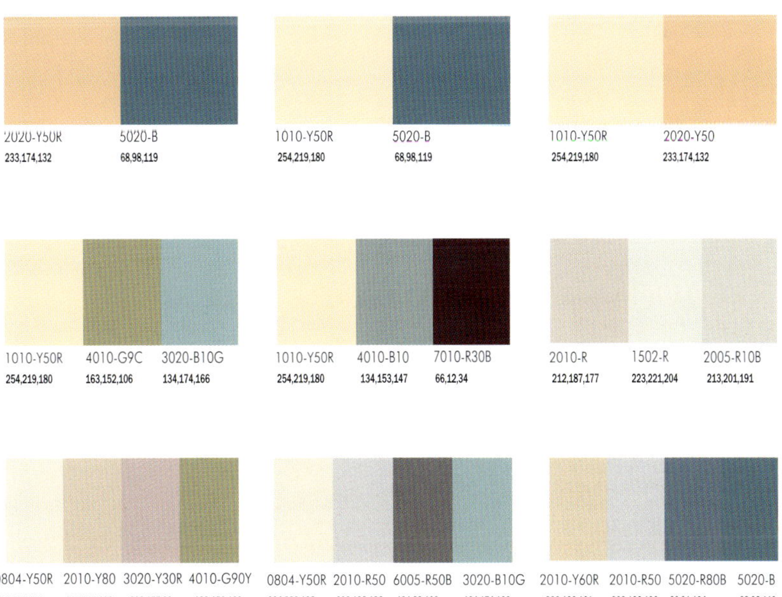

2020-Y50R	5020-B		1010-Y50R	5020-B		1010-Y50R	2020-Y50
233,174,132	68,98,119		254,219,180	68,98,119		254,219,180	233,174,132

1010-Y50R	4010-G9C	3020-B10G		1010-Y50R	4010-B10	7010-R30B		2010-R	1502-R	2005-R10B
254,219,180	163,152,106	134,174,166		254,219,180	134,153,147	66,12,34		212,187,177	223,221,204	213,201,191

0804-Y50R	2010-Y80	3020-Y30R	4010-G90Y		0804-Y50R	2010-R50	6005-R50B	3020-B10G		2010-Y60R	2010-R50	5020-R80B	5020-B
234,220,198	217,184,163	203,157,98	163,152,106		234,220,198	203,193,196	104,88,100	134,174,166		222,190,161	203,193,196	80,91,124	68,98,119

1010-Y50R
254,219,180
2020-Y40
230,178,127
1010-Y50R
254,219,180
2020-Y60
228,165,129
2020-Y40
230,178,127
6020-Y60
117,48,7
2020-Y50R
233,174,132
0505-Y30
255,250,207
2002-R50B
229,222,215
7010-Y90R
77,18,2
0505-G8C
250,253,213
2010-R60B
198,196,198
1010-Y50R
254,219,180
2010-Y20
218,202,148
2010-R50B
203,193,196
0804-Y50R
234,220,198
2010-Y90
217,184,167
2010-R50B
203,193,196
5020-B
68,98,119
0804-Y50R
234,220,198
3005-B20
171,186,170
4010-G90Y
163,152,106
5020-G90Y
133,110,48
0804-Y50R
234,220,198
3005-G8C
189,192,153
2010-R50B
203,193,196
5030-Y30R
148,82,9

2010-Y90R	5010-G3C
217,184,167	118,126,97

2010-Y90R	3020-B10
217,184,167	134,174,166

2010-Y90R	3020-Y80
217,184,167	197,135,115

2010-Y80R	2020-Y60	3030-Y50R
217,184,163	228,165,129	212,125,78

2010-Y90R	2010-R50	2005-B20G
217,184,167	203,193,196	194,213,193

2010-Y80R	1010-Y20	2010-R70B
217,184,163	255,232,176	194,204,206

2010-Y90R	2010-R50	4010-G90Y	7010-R30B
217,184,167	203,193,196	163,152,106	66,12,34

3010-Y90R	2010-R70	3020-B10G	6020-G10Y
193,163,148	194,204,206	134,174,166	39,66,20

2010-Y90R	2010-R60	5020-B	6020-G10Y
217,184,167	198,196,198	68,98,119	39,66,20

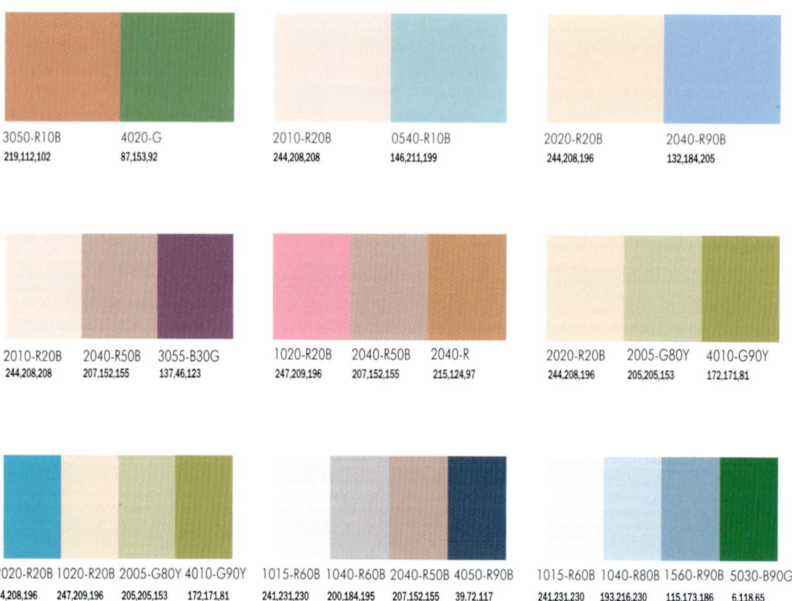

3050-R10B   4020-G
219,112,102   87,153,92

2010-R20B   0540-R10B
244,208,208   146,211,199

2020-R20B   2040-R90B
244,208,196   132,184,205

2010-R20B   2040-R50B   3055-B30G
244,208,208   207,152,155   137,46,123

1020-R20B   2040-R50B   2040-R
247,209,196   207,152,155   215,124,97

2020-R20B   2005-G80Y   4010-G90Y
244,208,196   205,205,153   172,171,81

2020-R20B   1020-R20B   2005-G80Y   4010-G90Y
44,208,196   247,209,196   205,205,153   172,171,81

1015-R60B   1040-R60B   2040-R50B   4050-R90B
241,231,230   200,184,195   207,152,155   39,72,117

1015-R60B   1040-R80B   1560-R90B   5030-B90G
241,231,230   193,216,230   115,173,186   6,118,65

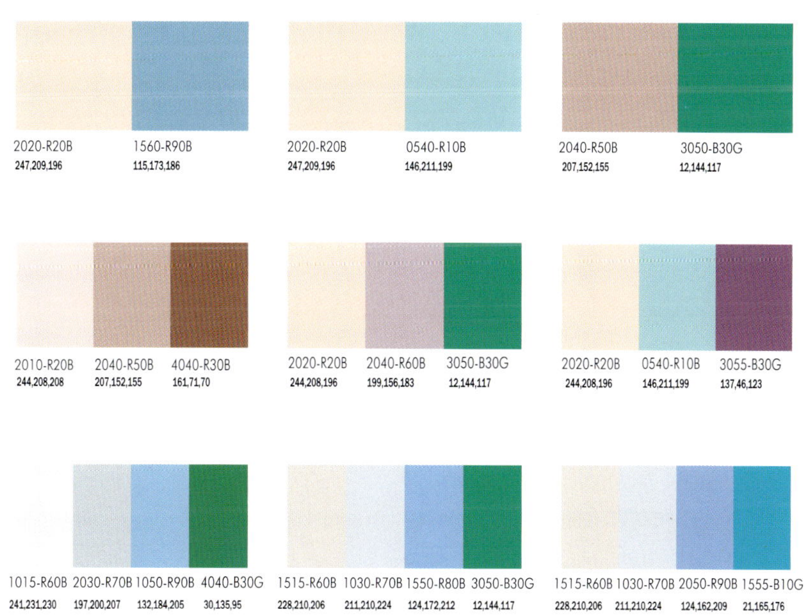

2020-R20B   1560-R90B
247,209,196   115,173,186

2020-R20B   0540-R10B
247,209,196   146,211,199

2040-R50B   3050-B30G
207,152,155   12,144,117

2010-R20B   2040-R50B   4040-R30B
244,208,208   207,152,155   161,71,70

2020-R20B   2040-R60B   3050-B30G
244,208,196   199,156,183   12,144,117

2020-R20B   0540-R10B   3055-B30G
244,208,196   146,211,199   137,46,123

1015-R60B   2030-R70B   1050-R90B   4040-B30G
241,231,230   197,200,207   132,184,205   30,135,95

1515-R60B   1030-R70B   1550-R80B   3050-B30G
228,210,206   211,210,224   124,172,212   12,144,117

1515-R60B   1030-R70B   2050-R90B   1555-B10G
228,210,206   211,210,224   124,162,209   21,165,176

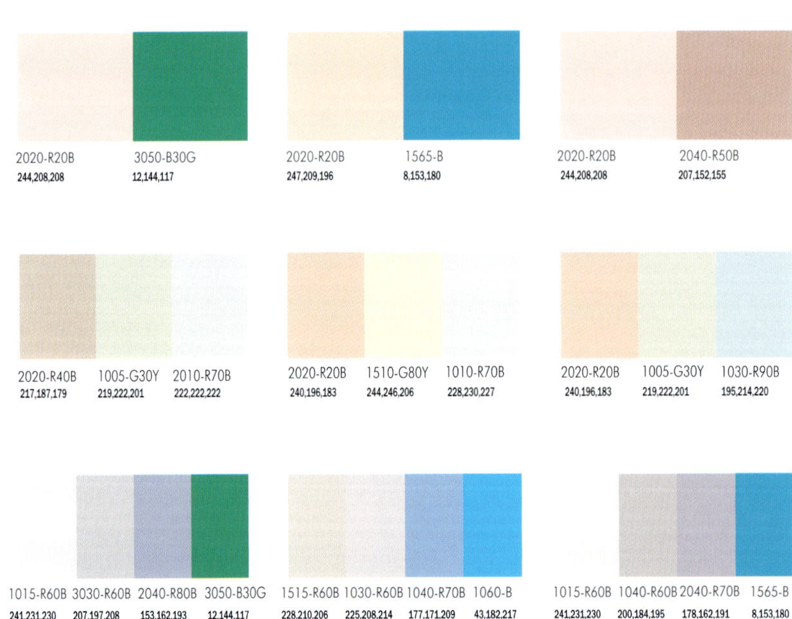

2020-R20B 244,208,208   3050-B30G 12,144,117
2020-R20B 247,209,196   1565-B 8,153,180
2020-R20B 244,208,208   2040-R50B 207,152,155
2020-R40B 217,187,179   1005-G30Y 219,222,201   2010-R70B 222,222,222
2020-R20B 240,196,183   1510-G80Y 244,246,206   1010-R70B 228,230,227
2020-R20B 240,196,183   1005-G30Y 219,222,201   1030-R90B 195,214,220
1015-R60B 241,231,230   3030-R60B 207,197,208   2040-R80B 153,162,193   3050-B30G 12,144,117
1515-R60B 228,210,206   1030-R60B 225,208,214   1040-R70B 177,171,209   1060-B 43,182,217
1015-R60B 241,231,230   1040-R60B 200,184,195   2040-R70B 178,162,191   1565-B 8,153,180

2020-R20B
244,208,196
2005-G80Y
205,205,153
2020-R20B
247,209,196
2020-R20B
240,196,183
2040-R50B
207,152,155
4040-R30B
161,71,70
1020-R20B
247,209,196
0510-G60Y
245,246,188
3030-R60B
207,197,208
2010-R20B
244,208,208
3030-R60B
207,197,208
1020-B50G
195,234,209
2020-R20B
240,196,183
4010-G30Y
165,170,112
2040-R70B
178,162,191
1015-R60B
241,231,230
2005-G80Y
205,205,153
1550-R80B
143,180,207
2040-R
215,124,97
1015-R60B
241,231,230
2005-G80Y
205,205,153
2040-R80B
153,162,193
2040-R
215,124,97
1015-R60B
241,231,230
3010-G30Y
188,207,162
1040-R70B
177,171,209
3040-R10B
215,133,109

2020-R20B	4010-G90Y		2020-R20B	2040-R		1020-R20B	2040-R
244,208,196	172,171,81		244,208,196	215,124,97		247,209,196	215,124,97

2040-R50B	2040-R70B	2020-B40G		1020-R20B	4010-G30Y	3055-B10G		2020-R20B	4010-G30Y	2055-B10G
207,152,155	178,162,191	157,192,162		247,209,196	165,170,112	137,26,123		244,208,196	165,170,112	14,133,174

2030-R10B	4020-G	3055-B30G	4010-G90Y		1015-R60B	2020-B70G	2040-R70B	4010-G90Y		1015-R60B	0530-B30G	2040-R60B	4010-G90Y
237,155,133	87,153,92	137,46,123	172,171,81		241,231,230	186,216,178	178,162,191	172,171,81		241,231,230	180,220,194	199,156,183	172,171,81

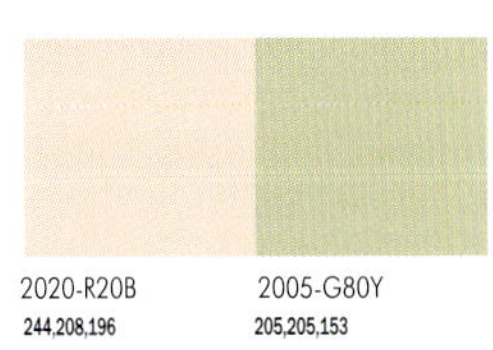

2020-R20B　　2005-G80Y
244,208,196　　205,205,153

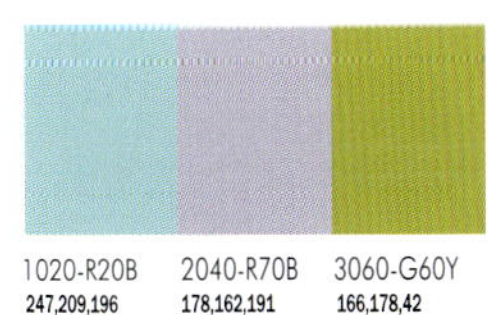

1020-R20B　2040-R70B　3060-G60Y
247,209,196　178,162,191　166,178,42

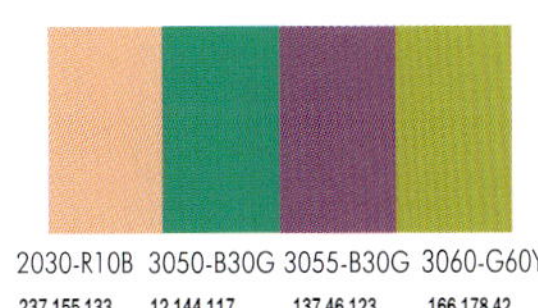

2030-R10B　3050-B30G　3055-B30G　3060-G60Y
237,155,133　12,144,117　137,46,123　166,178,42

1030-R60B
225,208,214
2020-B40G
157,192,162
1030-R60B
225,208,214
2020-G10Y
173,197,139
1030-R60B
225,208,214
3055-R50B
137,46,123
1030-R60B
225,208,214
2040-R60B
199,156,183
2040-R90B
39,72,117
1030-R60B
225,208,214
2040-R60B
199,156,183
3055-R50B
137,46,123
2040-R60B
199,156,183
2020-R20B
240,196,183
0540-B10G
146,211,199
1030-R60B
225,208,214
1040-R60B
200,184,195
2040-R60B
199,156,183
3055-R50B
137,46,123
1005-Y10R
242,238,239
1040-R70B
177,171,209
2040-R60B
199,156,183
1060-B
43,182,217
1005-Y10R
242,238,239
2040-R40B
240,168,182
2030-R10B
237,155,133
3055-R50B
137,46,123

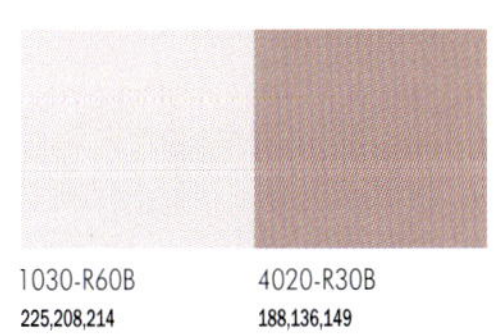

1030-R60B   4020-R30B
225,208,214   188,136,149

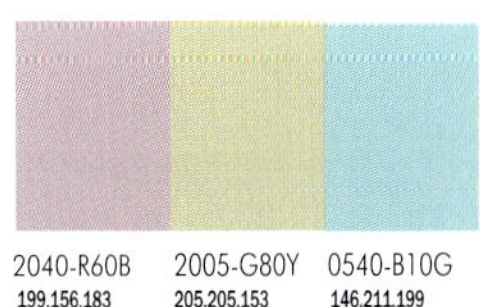

2040-R60B   2005-G80Y   0540-B10G
199,156,183   205,205,153   146,211,199

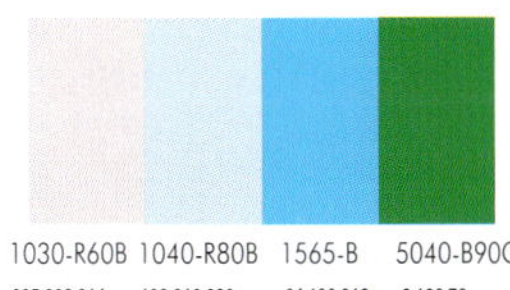

1030-R60B   1040-R80B   1565-B   5040-B90G
225,208,214   193,216,230   64,190,218   2,126,76

MONSIEUR
ALBERT
Business Outlet Shop
Kurfürstendamm 34
10719 Berlin
Tel. 88 70 28 54
Zur Ba

환경색채 디자인

장림종ⓒ St. martin 광장. Washington. D.C.

환경색채계획과 디자인

환경색채 현황조사

세상의 많은 일이 그렇듯 시작할 때 무엇부터 해야 할 지 막연하다. 색채 디자인에서 처음 해야 할 일은 무엇일까? 일반적으로 환경색채계획은 색채현황을 조사하는 것에서 시작된다. 그렇다면 색채현황조사는 왜 해야 되는 걸까? 그건 새롭게 만들어질 건물과 주변환경과의 관계를 적절하게 만들기 위해서이다. 인간과 인간사이의 관계가 중요한 것처럼, 건물과 주변과의 관계 또한 중요하다. 적을 알아야 적을 이길 수 있듯이 주변의 특성을 잘 알고 있어야 좋은 색채계획을 할 수 있다.

색채현황조사를 해 본 사람이라면, 모두 경험해 봤겠지만, 현황조사에서 어떤 것을, 어떤 관점에서 조사해야 하는지를 결정하는 매우 중요하다. 우리들을 둘러싸고 있는 시각적인 요소들은 무수히 많다. 그렇기 때문에 우리들은 어디에다 초점을 맞춰 조사를 해야 할지 몰라 난감해하기가 일쑤이다. 조사내용을 선택하는데 있어서 조사자의 주관성이 많이 개입될 수 있다는 점도 현황조사에서 우리가 겪는 어려운 점의 하나이다. 왜냐하면 조사자의 주관성이 반영되면 될수록 현황조사의 객관성을 잃기 때문이다. 살아가면서 우리는 무수히 많은 선택을 강요받는다. 어떤 것을 조사해야 할지를 결정하는 것도 일종의 선택 행위이다. 그렇다면 조사 내용은 어떤 기준으로 선택해야 하나?

조사할 환경색채의 내용을 결정하는데 직접적으로 영향을 미치는 요인은 환경색채의 목표이다. 이 말은 왜 환경색채 조사를 하는지를 명확하게 알아야 된다는 것을 의미한다. 가령 환경색채를 조사하는 목적이 거리로서의 색채계획을 목표로 한다면 거리의 경관색채를 중심으로 조사하여야 할 것이고, 만약 건물의 파사드에 초점이 있다면 건물 파사드를 중심으로 색채를 조사하여야 한다. 그렇다면 환경색채는 어떻게 조사할 수 있는걸까?

　　환경색채 현황을 조사할 때, 우리가 사용할 수 있는 대표적인 방법에는 크게 세 가지가 있다. 첫째, 현장사진을 디지털 카메라로 촬영할 수 있다. 디지털 카메라로 색채조사를 할 때, 많은 사람들은 디지털 카메라 사용의 문제점을 지적한다. 그건 바로 색채 오차의 문제이다. 색채 오차의 문제는 디지털 카메라마다 표현하는 색채가 다르고, 디지털 사진을 보는 컴퓨터 모니터마다 색채가 다르기 때문에 발생한다. 그러나 이러한 문제점에도 불구하고 많은 사람들은 디지털 카메라를 이용한 조사를 이용한다. 왜냐하면 단시간 내에 많은 데이터를 수집할 수 있는 장점과 컴퓨터 처리의 간편성이 있기 때문이다. 이와 같은 조사방법은 오차가 있다고 하더라도 색채의 대략적인 경향을 분석하는 데에는 손색이 없는 조사방법이다.

　　인상파의 모네가 이야기 한 것처럼 사물의 색채는 빛에 의해 시시각각으로 변한다. 빛은 색채의 영원한 친구이다. 빛이 없어지면 색도 함께 없어진다. 그래서 밤이 되어 빛이 사라져 버리면 파란 물결도, 푸른 하늘도 모두 어둠 속에 묻혀 버린다. 이처럼 색채는 빛에 의해 결정된다. 빛은 항상 변한다. 그렇기 때문에 색채도 항상 변한다. 어떻게 보면 이 세상에 변하지 않는 것은 아무 것도 없다. 그래서 사람들은 영원을 찾고 싶어한다. 그러나 우리가 찾는 영원성은 우리의 바람이지 실제 이 세상에 존재하지 않는다.

로비하우스, 시카고　　　　　　　　　　　　　　　　　　　　　　　　스위스 기숙사, 파리

빛에 의해 사물의 색이 변한다는 것은 색채의 문제를 어렵게 만든다. 엄밀한 의미에서 똑같은 사물이라고 하더라도 똑같은 사물의 색을 볼 수 없다. 왜냐하면 빛은 시시각각으로 변하기 마련이고 그에 따라 사물의 색도 언제나 변하기 때문이다. 그렇다면 이러한 문제점을 조금이라도 해소하는 방법은 무엇일까? 우리는 그 답을 평균값에서 찾아야 할 것 같다. 이 경우, 색채조사는 한번으로 충분하지 않고, 여러 번 조사하는 것이 필요하다. 경우에 따라서는 사계절 1년 내내 조사하는 것도 보다 정확한 결과를 얻게 해 줄 것이다.

색채를 조사하는 시간도 정확한 결과를 얻는데 많은 영향을 미친다. 그래서 우리들은 조사시간을 놓고 생각을 하게 된다. 그러하다면 언제 색채를 조사할까? 일반적으로 적절한 시간으로 10시에서 4시 사이를 꼽는다. 그러나 보다 적절한 시간으로 태양빛이 강한 12시~2시를 꼽기도 한다.

둘째, 색채를 조사하는 두 번째 방법으로 측색기를 사용하는 방법을 생각할 수 있다. 측색기를 사용하면 디지털 카메라를 이용한 조사방법보다 색채의 오차 범위를 줄일 수도 있다. 측색기를 사용한 색채 조사방법은 정확한 색채 수치를 제공하는 장점이 있지만, 조사할 색채 샘플을 일일이 측정해야 하는 번거로움이 있다. 따라서 측색기를 이용하는 방법은 많은 색채정보를 얻지 못하는 단점이 있다. 결국 측색기는 조사 할 특정 대상이 있는 경우 그에 대한 정확한 색채 값을 알고자 할 때 사용하면 활용효과를 높일 수 있다. 측색기는 수평을 유지한 상태에서 측색을 하여야 정확한 결과를 얻을 수 있다. 측색할 표면에 틈이 있는 경우 측정 오차가 발생할 수 있기 때문에 재료 자체의 표면을 측정하는 경우,

측색기

NCS 색채샘플

어려움이 따르기도 한다. 이러한 점에서 측색기를 사용한 조사방법은 조사의 대상이 특정사물로 좁혀져 있는 경우 효과적일 수 있다.

일반적으로 색채 표색집을 사용하여 색채를 조사하여 왔다. NCS나 PANTONE 표색집은 일반적으로 널리 사용되고 있는 표색집이다. 이 중에서 PANTONE 표색집은 건축환경보다는 패션분야에서 널리 사용되는 표색집이다. 이에 비해 NCS 표색집은 환경색채에서 사용되고 있다. NCS 표색집은 먼셀 색채체계를 근간으로 개발된 것이어서 우리들에게 다소 친숙하게 다가온다. 표색집에 있는 색채를 조사 색채와 비교하는 육안비색법은 조사자마다 다를 수 있어, 측정 오차가 있기 마련이다. 그러나 앞에서 설명한 방법보다 오히려 측정오차를 줄일 수 있는 방법일 수도 있다.

환경색채의 측정방법은 정확한 색채분석을 위해 중요하다. 그러나 측정방법보다 더 중요한 것은 어떤 대상을 어떻게 조사할 것이냐에 대한 문제이다. 도시의 레벨을 고려하여 포괄적으로 조사할 것인가? 아니면 건축의 요소 레벨에서 세세한 요소를 다룰 것인가? 도시의 전경은 도시의 이미지를 분석하는데 필요하다. 도시의 이미지는 근경색, 중경색, 원경색으로 나누어 조사할 때가 많다. 이 중에서, 특히 근경색은 거리경관의 레벨, 파사드의 레벨, 건축 요소의 레벨 등으로 나누어 조사하게

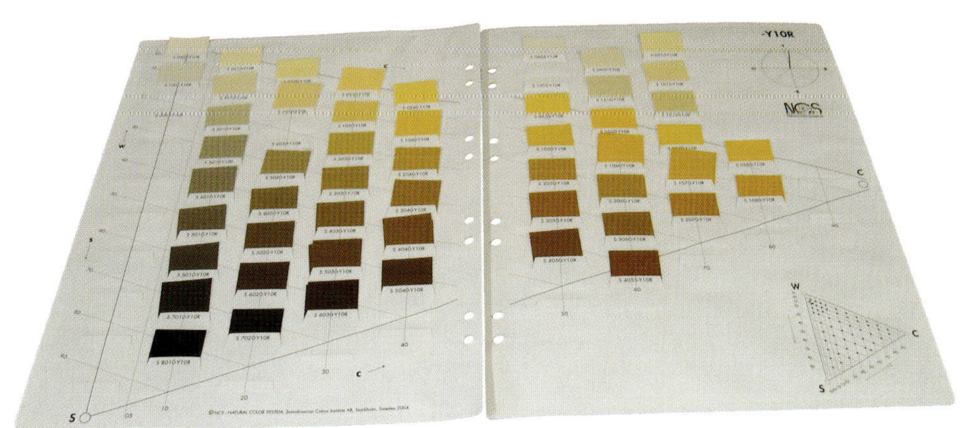

NCS표색집

되다. 거리에는 많은 사람들이 걷는다. 이때 거리의 색채는 사람들의 기분을 좌우하기도 한다. 거리의 경관은 그 지역의 특징을 결정짓는 역할을 하기도 한다. 거리는 그 지역의 문화를 보여준다. 많은 일들이 길에서 일어난다. 즐거움을 선사하는 가로경관은 도시를 살아가는 사람들에게 활력을 제공하기도 하며, 지친 현대인을 치유하기도 한다. 파사드는 가로경관을 만드는 요소로서 사람으로 따진다면 얼굴과 같은 요소이다. 파사드는 건물의 첫인상을 제공한다. 이처럼 파사드는 가로경관에서 중요한 역할을 한다. 파사드가 가로경관을 구성하는 요소처럼, 건축요소는 파사드를 구성하는 요소이다. 창문이라든가 현관 혹은 지붕은 대표적인 건축요소이다.

파리의 거리

일반적으로 색채 디자인은 주조색, 보조색, 강조색 등을 갖는다. 주조색의 경우 일반적으로 면적을 많이 차지하는 색이다. 보조색은 주조색을 보완하는 색채로서 두번째로 많은 면적을 차지한다. 강조색은 우리의 시각을 강하게 자극하는 색이다. 이처럼, 색을 주조색, 보조색, 강조색 등으로 분류하는 것이 색채의 현황분석이다. 그렇다면 이와 같은 색들을 어떻게 추출할 수 있을까?

이를 위해서 우리는 하나의 이미지에 대해 3배색, 4배색, 5배색 등의 배색코드로 분석할 수 있을 것이다. 둘째, 색채 이미지를 색상별 면적비율로 표시해 볼 수도 있을 것이다. 셋째, 휴톤 매트릭스를 사용하여 색채 현황을 분석할 수도 있을 것

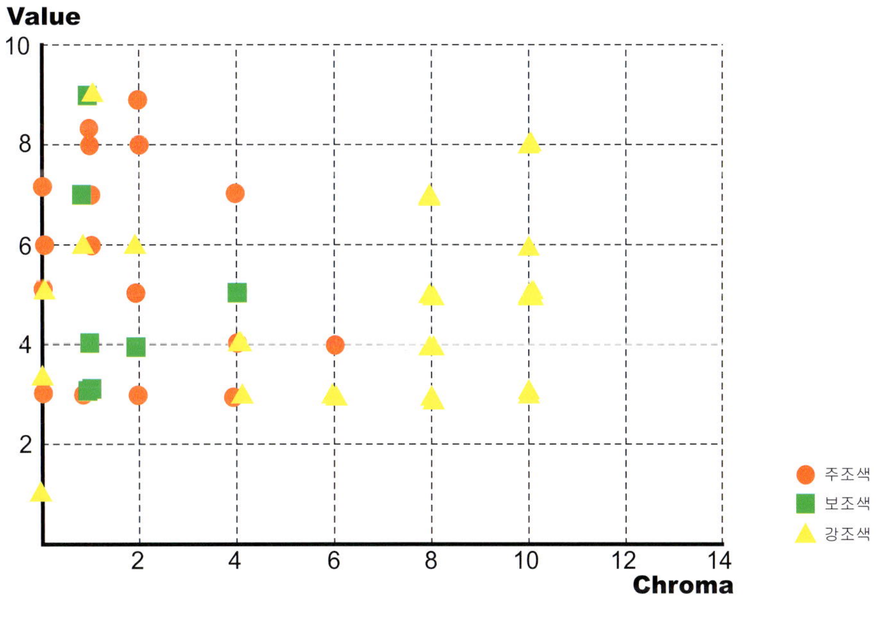

주조색,보조색

이다. 휴톤 매트릭스는 가로축에는 색상을, 세로축에는 명도와 채도를 결합한 톤으로 색채를 표시하는 수단을 제공한다. 휴톤 매트릭스를 제안한 사람은 일본의 색채 전문가 고바야시이다. 고바야시는 휴톤 매트릭스에서 10 색상환(Red, Yellow-red, Yellow, Green-yellow, Green, Blue-green, Blue, Purple-blue, Purple, Red-purple)과 12개의 톤(Vivid, Strong, Bright, Pale, Very Pale, Light Grayish, Light, Grayish, Dull, Deep, Dark, Dark Grayish)을 사용한다. 고바야시는 휴톤 매트릭스를 이용하여 지역색의 주조색, 보조색, 강조색을 찾아내는 방법을 저서 칼라리스트에서 소개한다. 지역색은 지역을 주도하는 색이다. 지역색을 찾아내기 위해서는 도시경관, 건물 파사드, 지역의 바닥색, 스트리트 퍼니쳐, 쇼 윈도우, 자동차의

I.R.I Hue & Tone 898 System

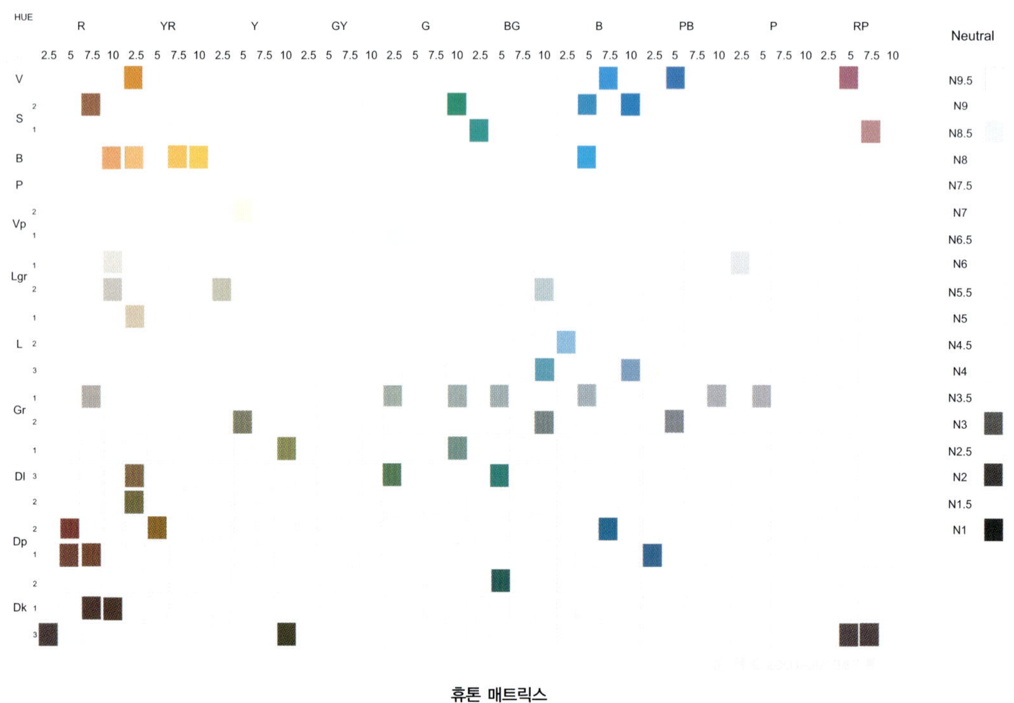

휴톤 매트릭스

색, 사람의 패션색 등을 분석해 볼 수 있을 것이다. 칼라리스트는 환경색채에 대한 내용을 체계적으로 전달하고 있는 책이다.

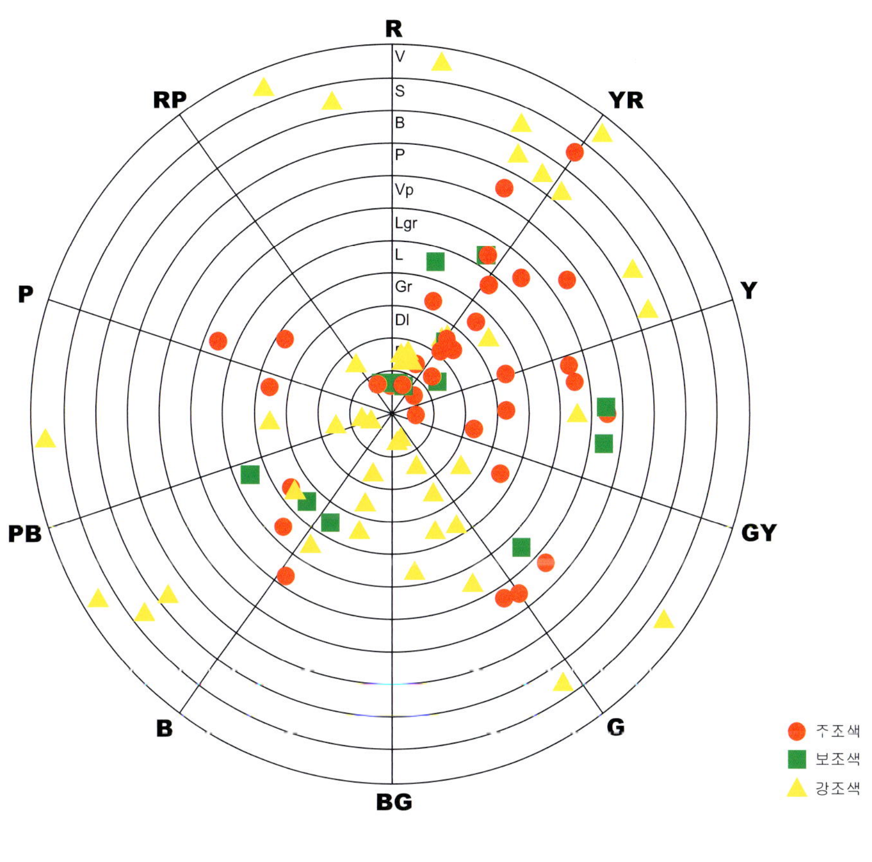

색상환

인간은 현재에 좀처럼 만족하는 법이 없다. 그렇기 때문에 인간은 언제나 현재의 상황을 개선하려는 노력을 한다. 앞에서 색채의 현황분석을 한 이유도 색채계획 하고자 하는 지역의 색채 특성을 분석하여 색채 디자인의 방향을 설정하거나 디자인의 개념을 정하기 위해서이다. 환경색채 디자인의 개념은 다양한 관점과 시각에 의해 설정이 가능하다. 예를 들어, 디자인 개념으로 어떤 특정 지역의 분위기를 재현하는 것, 계절을 표현하는 것, 아니면 감성적 분위기를 연출하는 것과 유명 화가의 스타일을 재현하는 것 등을 생각해 볼 수 있다.

한국적인 이미지, 이집트적인 이미지, 일본적인 이미지라는 말은 특정지역의 분위기를 연출한다는 말이다. 계절적 분위기(봄, 여름, 가을, 겨울의 이미지)를 표현하려는 디자인 개념은 이미지의 시간성과 밀접한 관계를 갖는다. 지역과 시간의 개념보다 더 많은 비중을 차지하는 것은 색채의 감성적 이미지이다. 색채의 디자인 개념으로 우리가 설정할 수 있는 것은 서민적인, 단아한, 깨끗한, 활력적인, 꾸밈없는, 추억의 고즈넉한, 대담한, 고상한, 사치의, 절대휴식 등과 무수히 많은 디자인 개념을 설정할 수 있다.

디자인의 개념은 색채 디자인의 큰 방향을 결정하는 일이다. 그래서 디자인의

실로담   요코하마 터미널   베를린

개념을 적절하게 결정하는 것은 디자인의 성패와 직결된다. 디자인의 개념은 공간의 분위기를 결정할 뿐만 아니라, 공간의 질을 결정하는 중요한 요소이다. 그렇지만 디자인의 개념을 결정하는 작업은 그렇게 만만한 작업이 아니다. 더군다나 창의적인 디자인의 개념을 도출하기란 보통 어려운 일이 아니다. 그렇다면 창의적인 디자인 개념을 조금이라도 쉽게 도출하기 위해서는 우리는 어떤 노력을 해야 할까? 창의성이란 하루아침에 키워지는 것이 아니다. 로마는 하루아침에 이루어 지지 않은 것처럼 갓난 아기가 바로 어른이 될 수 없다. 창의성을 키우는 유일한 방법은 부단히 노력하는 것 밖에 없다. 많이 여행하고, 다양하게 경험하고 감각을 많이 자극시키는 일 밖에 없다.

디자인의 개념을 말로만 설정하기보다는 이미지를 갖고 이야기하는 것은 다른 사람과의 커뮤니케이션은 물론 나 자신과의 커뮤니케이션을 위해서도 필요하다. 이미지는 디자인의 개념을 효율적으로 전달하는 역할을 한다.

단청은 한국적인 이미지를 나타내는 색이다. 화려한 벽화의 색채는 이집트의 색채 문화를 대표한다. 빨간색은 일본에서 널리 사용되는 색이다. 우리는 누구나 여행을 좋아한다. 또 여행했던 곳에 대해 향수나 추억을 갖기 십상이다. 그래서 이러한 욕구를 충족하기 위해 특정지역의 분위기를 연출하기를 원한다. 계절의 이미지는 인간의 마음을 크게 좌우한다.

봉정사의 단청   이집트 벽화   동경의 식당

시대마다 나름의 분위기가 있다. 예를 들어 60년대의 분위기가 있으며, 70년대의 분위기가 있으며, 80년대의 분위기가 있다. 시대적 분위기는 우리를 과거의 공간으로 초대한다. 어린 시절 길거리에서 팔던 고구마는 너무나 맛이 있었다. 그때만큼 맛있었던 군고구마는 없는 것 같다. 군고마 아저씨가 있는 서민적 이미지, 함열마을의 주택의 단아한 이미지, 성남 아트센터의 깨끗한 이미지, 활력이 넘치는 종로의 거리, 청계천 주변의 꾸밈없는 가게, 추억의 만화가게, 고즈넉한 봉정사, 대담한 이미지의 오피스텔, 고상한 국제 갤러리, 사치의 갤러리아 백화점, 절대 휴식의 석양 이미지는 우리들의 삶의 생생한 현장임과 동시에 우리들의 마음을 사로잡는 귀중한 이미지들이다.

가을의 봉정사   서민적인 이미지   함열마을

성남 아트센터   종로의 거리   청계천 가로변 상점

추억의 만화가게   고즈넉한 봉정사   논현동 오피스텔

국제 갤러리   갤러리아 백화점   강화의 석양

좋은 환경을 만들기 위해 우리는 어떤 접근 방법을 택해야 할까? 이것은 색채계획을 하는 사람이라면 누구나 고민하는 문제다. 앞에서도 이야기하였지만 환경색채에 대한 접근방법은 크게 두 가지로 요약된다. 주변환경과 조화를 이루는 색채계획을 할 것인가? 아니면 주변환경과 대비되고 차별화되는 색채 접근을 할 것인가? 이것이 환경색채를 계획할 때 우리들이 고민해야 되는 두 가지 접근 방법이다.

주변의 환경과의 조화를 생각하는 접근은 지형을 생각하고 기후를 생각하고, 문화를 생각하기 때문에 마음을 끄는 경우가 많다. 왜냐하면 여기에는 다른 것들과 동화하고 조화를 이루려는 겸손의 미덕이 있기 때문이다. 항상 그렇지는 않겠지만 주변과 차별화된 환경색채는 왠지 모르게 우리들의 마음을 거슬리는 경우가 많다. 왜냐하면 그것은 대개의 경우 주변과 조화를 이루지 못하면서 아름답지 못한 경우가 많기 때문이다. 이런 접근방식에서 공간을 이용하는 사람들의 느낌을 크게 생각하지 않는 것이 일반적이다. 오히려 디자이너의 사상이라든가 철학이라든가 가치관 등과 같은 정신적인 것을 더 중요하게 생각하는 경향이 있다. 사람들은 다른 사람들과 무엇인가 다르고 싶어한다. 그래서 자기자신이 만드는 건물이 인접 건물보다 돋보이게 만들고 싶어한다. 그래서 주변과 차별화된 건물을 추구한다. 주변과 차별화된 건물

베를린

은 색채를 이용하여 쉽게 표현할 수 있다. 그러나 모두 다 돋보이는 건물을 만들려고 한다면, 어느 건물도 돋보일 수 없을 것이다. 지역성을 고려하여 계획된 환경색채는 우리들에게 보다 쾌적한 공간을 제공할 것이다.

　　고대의 건축물이나 토속건축들이 그 지역적 특성을 반영한 색채를 보여준다면 인터내셔널리즘으로 표방되는 국제주의는 주변환경을 전혀 고려하지 않는다. 색채의 관점에서 보았을 때, 포스트모더니즘의 생각은 환영할 만하다. 지역주의를 표방하는 환경색채의 전문가들과 포스트 모더니즘은 서로 연결되는 고리가 있다. 포스트 모더니즘의 건축가는 아니었지만 프랭크 로이드 라이트나 마리오 보타 같은 건축가는 지역성을 강조한다. 지역성보다는어떤 절대성을 표현하려는 건축가로서 손 꼽을 수 있는 사람이 르 꼬르뷔지에나 타다오 안도, 미스 반 데어 로에 같은 건축가이다. 그 동안의 역사의 변천과정을 통해 우리 인류가 화려한 색채를 사용했음을 알 수 있다. 이와 같은 화려한 색채는 의상이나 음식을 통해서 확인할 수 있다. 무채색의 색보다 화려하고 다양한 색채는 인간을 즐겁게 만든다. 음식을 섭취할 때에도 이런 것 저런 것 다 몰라도 건강에 좋은 음식을 섭취하려면 다양한 색의 음식을 먹으면 된다. 이와 동일한 선상에서 보았을 때, 다양한 환경색채는 우리들을 보다 즐겁고 행복하게 만든다. 그래서 우리는 막연히 색채 하면 다양한 색채 또 생동감 있고 활기 있는 색채를 원하는 지도 모른다. 물론 활기 있는 색채가 언제나 좋은 것은 아니다.

　　그러나 요즘의 도시색채는 회색이 주도하는 무미건조한 환경의 색이다. 회색도시를 좋아하는 사람이 그렇게 흔한 것은 아니다. 회색도시를 바라보는 많은 사람들은 생기 넘치는 도시색채를 기대한다. 이러한 사람들의 바람에도 불구하고 많은 도시가 회색의 도시일수 밖에 없는 이유는 무엇일까? 그것은 아마 산업혁명에서 비롯된 것이리라.

　　산업혁명이 회색도시를 만든 것은 너무나 안타까운 일이다. 산업사회의 재료로 대표되는 콘크리트는 태어난 속성상 회색의 무채색을 갖는다. 대량생산이 절대가치로 받아들여지고 또 그러한 절대가치에 걸맞는 재료로 콘크리트를 사용하게 됨에 따라 회색의 도시는 자연스레 만들어졌다. 회색도시가 문제가 되는 자연환경과 잘 어울리지 않는 무미건조한 환경을 만들기 때문이다. 모더니즘에 비해 지역성을 강조하고 다양한 색을 활용하는 포스트 모더니즘은 매력적으로 색채의 관점에서 보았을 때 너무나 매력적이다. 지역성은 도시마다 서로 다른 특징을 갖고 발전할 수 있는 계기를 제공한다.

911 테러사건 이후 많은 인류 특히 미국 사람들은 엄청난 허무주의를 경험했다. 왜냐하면 그렇게 거대하고 그리고 튼튼해서 영원히 존재할 것이라고 생각했던 건물이 한 순간에 사라져 버렸기 때문이다. 우리는 콜로세움을 보면서 로마는 영원하다고 말한다. 영원은 소멸되지 않는 속성을 갖는다. 911의 허무성을 경험한 사람들은 인간을 다시 한번 생각하게 되었다. 그러면서 인간의 중요함을 실감하게 되었다. 인간을 중요하게 생각하는 것은 신인본주의의 시대를 출범시켰다. 그러한 신 인본주의의 사회에서는 결국 인간과 관계 맺은 사물에 더 많은 애착을 갖게 된다. 이 세상에 존재하는 사물이 나하고 직접적인 관련이 있을 때 그것은 어떤 의미를 갖고 관계를 맺은 자신에게 다가온다. 그래서 진정한 환경색채는 포스트 모더니즘이 표방하는 것처럼 지역성을 반영하고 있어야 한다. 그러나 근대 혁명이 일어나고 또 데 스틸 운동이 일어나면서 또 인상주의라든가 추상주의가 태동하면서 사물과 색채의 해체현상이 일어나게 되었다. 이러한 해체현상은 주변과는 해체되어 독립적인 색채를

초록색의 멀펜사 공항   브라운색의 베를린

사용하게 되었고 그러한 생각은 지금까지도 유럽의 색채를 지배하게 되었다. 유럽에서 원색적인 색을 즐겨 사용하는 이유는 무엇일까?

사물의 색채와는 관계없이 내면의 세계를 표현하려는 것이었을까? 이집트의 영향을 받은 것일까? 아니면 사람들의 마음을 즐겁게 만들려는 시도였을까? 원색을 사용한 이유가 무엇이든지 간에 유럽의 색채는 아름답다. 주변환경과 조화를 이루는 색채를 만들 것이냐 아니면 주변환경과 대조되는 이미지를 만들 것인가? 색채 전략은 색채를 보는 기본적인 시각을 결정한다. 역사적인 전통성을 따를 것인지, 현재의 시대를 반영할 것인지, 아니면 현재와 역사적인 것을 절충할 것인지를 결정하는 것도 색채전략의 하나이다. 이 외에도 색채전략은 따뜻한 색을 사용할지 아니면 차가운 계열의 색을 사용할 지를 결정한다. 색채전략은 색채 감성과 색채 아이덴티티를 결정한다.

건물의 색채 아이덴티티

환경색채의 선택

색채 전략을 결정한 후에는 색채를 선택하는 일이 남게 된다. 색채의 선택은 색채전략에 상응하는 색채를 결정하는 일이다. 일반적으로 단일색을 선택하는 경우는 거의 일어나지 않는다. 환경색채계획에서 우리들은 흔히 여러 개의 색을 선택해야 하는 문제에 접하게 된다. 2장에서 설명하였던 색채 조화 이론은 여러 가지 색을 선택하는 데 있어 중요한 역할을 한다.

색채선택의 첫 단추는 유사색 배색을 할 것인지 아니면 보색 조화를 할 것인지 아니면 3색조화, 4색조화를 할 것인지를 결정함으로써 채워진다. 이처럼 색채조화 원리를 결정한 후에는 색채조화에 부합되는 배색 코드를 최종선택하면 된다. 배색코드를 결정할 때 우리는 주조색이나 보조색 또는 강조색을 고려한다. 이처럼 주조색, 보조색, 강조색을 결정하고 난 후에는 그 색에 근접하는 페인트 색, 또는 재료의 색을 결정하는 것이 필요하다. 파스텔톤의 색은 성공적인 환경색채를 만들 가능성이 많다. 예를 들어, 주조색은 파스텔 톤의 밝은 색을 사용하고 강조색은 채도가 높은 색을 사용한다면, 도시환경은 보다 더 통일되면서도 활발해 질 수 있다. 특히 환경색채의 성공은 주조색의 결정에 있기도 하지만, 강조색의 적절한 활용에 의해서도 큰 영향을 받는다. 보조코 하우징의 출입구 현관의 빨강색은 인상적이면서도 어떤 삶의 에너지를 느끼게 한다. 왜냐하면 강조색을 적절하게 활용하였기 때문이다. 멀펜사 공항의

브라운 주조색의 건물, 암스테르담   파스텔 톤의 주택, 샌프란시스코   빨강 강조색의 차이나 타운, 샌프란시스코

강조된 초록색은 삶의 생기를 크게 느끼게 한다.

　　강조색을 활용하는 것도 중요하지만 재료의 색채를 적절하게 사용하는 것도 환경색채에서 중요하다. 페인트 색은 그렇게 오래 가는 색이 아니다. 페인트는 시간의 흐름에 따라 퇴색되고 처음의 이미지를 잃어버린다. 그러나 페인트 색이 아닌 재료의 색은 그 특성을 오래 지속한다. 재료의 질감은 우리의 촉감을 자극한다. 이러한 차원에서 질감이 없는 페인트 색 보다 질감이 풍부한 재료는 우리의 감각을 다양하게 자극한다.

　　재료와 색채는 우리들의 마음을 부드럽게도 만들기도 하고 또한 딱딱하게 만들기도 한다. 재료의 질감이나 색채는 우리의 감성을 자극하기 마련이다. 우리들은 재료의 색채를 보면서 재료가 풍기는 진솔함이나 솔직함을 느끼게 된다. 재료가 갖고 있는 그대로의 색을 표현하면 할수록 우리들은 보다 더 살기 좋은 환경을 만들게 될 것이다.

　　색채를 이용한 디자인 원리는 색채를 선택하는 기준을 제공한다. 색채를 통한 통일이라든가 변화는 우리들을 즐거움으로 가득 차게 만든다. 색채에 의해 만들어진 축은 우리들을 자연스럽게 인도한다. 세상도 흘리가고 시간도 흘리가고 사람도 흘리간다. 색채 축을 따라 움직이는 사람들의 발걸음은 왠지 모르게 경쾌하게 보인다. 감성은 이성의 영원한 친구! 감성의 중심에 색채가 있다.

색이 강조된 창 프레임, 파리　　　　재료의 색을 강조한 건물, 파리　　　　색채의 축, 스위스 기숙사, 파리

환경색채 디자인의 응용

앞에서 환경색채 계획의 프로세스를 설명하였다. 그러나 독자에 따라서는 충분하게 프로세스를 이해하지 못한 사람도 있을 것이다. 환경색채 디자인의 사례는 이에 대한 내용을 보다 명확하게 할 것으로 생각된다. 환경색채 계획의 프로세스에 따라 색채디자인의 사례를 설명해 보기로 하자.

이승희(연세대학교 주거환경학과)는 인사동의 색채계획을 다음과 같이 제안한다.

인사동의 색채현황

환경색채 현황조사

환경색채 디자인의 첫 단계는 현황을 조사
하는 일이다. 현황 조사방법으로 선택한 방
법은 디지털 카메라를 이용한 사진촬영이
다. 사진촬영된 이미지를 분석하여 주조색,
보조색, 강조색을 찾는 작업이 필요하다. 인
사동의 사진 이미지를 분석하면 그림과 같
이 주조색, 보조색, 강조색을 찾을 수 있다.

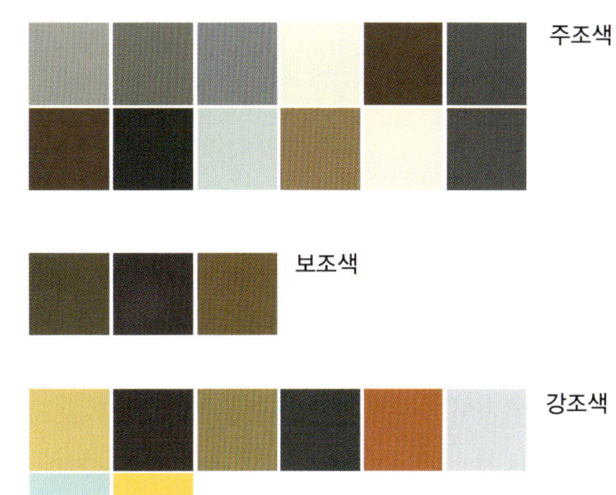

인사동의 색채현황

앞에서 추출한 색채를 이용하여 인사동의 감성어휘를 추출해 보는 것은 환경 색채 디자인의 컨셉을 정하는데 참고가 된다. 그림에서 보는 것처럼 인사동의 감성 어휘는 '활동적인, 자연적인, 한국적인, 복잡한, 오래된, 정적인, 편안한, 깊은, 오래 된, 전통적인'이다. 이를 참고로 하여 디자인 컨셉을 정할 수 있을 것이다.

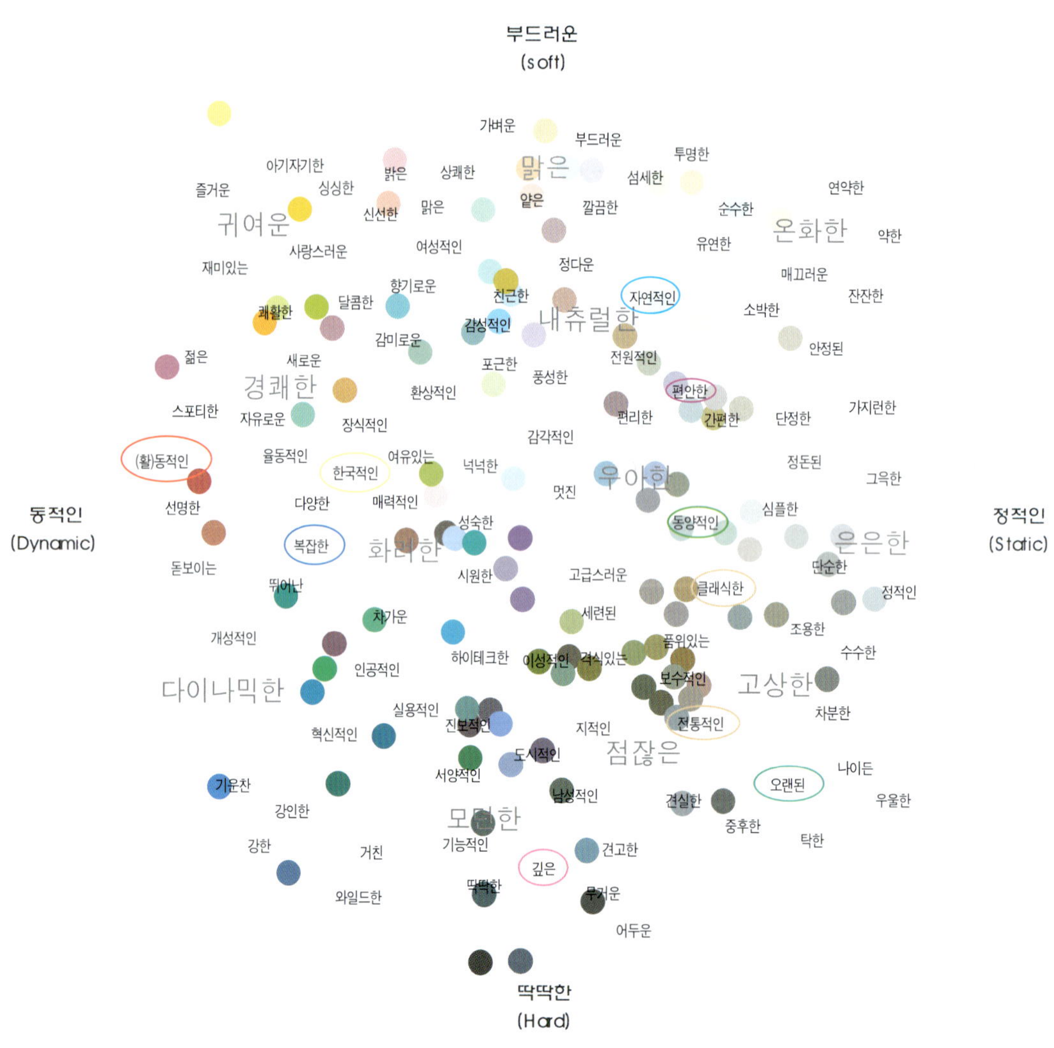

〈 한국인 단색 감성척도에 따른 인사동의 이미지 〉

환경색채의 디자인 컨셉

앞에서 인사동의 감성어휘, 즉 인사동의 아이덴티티를 보완하기 위해 본 프로젝트에서 설정한 디자인 컨셉은 Welcome, Fun, Memory, Transition 등이다. 인사동은 외국인 뿐만 아니라 내국인도 즐겨 찾는 문화 공간이다. 그렇기 때문에 인사동은 앞으로 한 차원 높은 공간으로 변신하는 것이 필요하다.

Welcome

우리가 인간인 이상 환영받고, 대접을 받는 다는 것은 기분 좋은 일이다. 외국인에게 좋은 인상을 심어주기 위해서는 환영한다는 이미지는 필수적이다. 그래서 Welcome 의 이미지는 프로젝트의 주요 디자인 컨셉이다.

Fun

어떻게 보면 우리는 재미있기 위해 사는 것 같다. 왜냐하면 재미가 있을 때 행복을 느낄 수 있기 때문이다. 21세기에 들어서서 재미에 대한 욕구는 더욱 커질 것 같다. 재미가 있을 때 그 장소가 더욱 기억나고 또 방문하고 싶기 마련이다. 재미있는 공간은 우리들에게 추억거리를 제공한다. 재미를 체험할 수 있는 공간! 21세기가 추구해야할 공간디자인의 방향이다.

여행의 체험을 제공하는 공간, W호텔

Memory

세월의 두께가 쌓이고 그만큼의 사람과 이야기가 따르고 전통과 문화의 향을 입히면
거리는 위대한 유산으로 남는다. 또한 거리의 이미지는 하루아침에 만들어지는 것이
아니다. 우리의 역사와 이야기가 한켜 한켜 쌓여 만들어진 인사동은 시간의 단층을
이룬다. 잊혀져가는 전통이 서울이라는 도시 속에서 제 모습을 가지고 살아 숨쉴 때
인사동의 의미와 정체성은 되살아날 수 있을 것이다.

시간의 단층

Transition

흐름이라는 것은 우리들의 인생을 생각하게 한다. 이 흐름을 통해 우리들은 시간성을 다시 한번 생각하게 된다. 시간을 느낄 때, 우리들은 숙연해지기도 하고, 엄숙해지기도 하고 추억에 빠져들기도 한다. 궁극적으로는 시간이 흘러가게 되면 모든 만물은 소멸한다. 이러한 소멸은 우리들을 슬프게 하지만 다음 세상을 기대하게 만들기도 한다. 시간을 거역할 수 없는 인간인 이상 흐름을 가슴 속에 되새겨 보는 것은 우리를 사색의 공간으로 빠져들게 한다. Transition은 이러한 개념을 표현하기 위한 것이다.

흐름의 색　　　　　　　　　　　색의 리듬

인사동의 특성 상 건물들의 많은 부분을 변경하는 것은 어렵다. 최소의 노력으로 큰 효과를 볼 수 있는 것이 건축요소를 강조하는 것이다. 이를 위해 선택한 건축 요소가 어닝이다. 어닝(Awning)은 오래 전부터 유럽에서 주택, 상업 및 일반 건축물의 일사량을 날씨 변화에 따라 자유롭게 조절하기 위해 사용되어 왔다. 다양한 무늬와 색상을 지닌 어닝은 건물 및 거리의 분위기 연출을 도와주며 소비자의 구매욕구를 유발시키는 기능을 한다.

어닝을 사용하여 환경색채가 잘 된 예는 유럽에서 쉽게 찾아 볼 수 있다. 이와 같은 어닝을 참조하여 한국적 냄새가 나는 어닝을 계획하려는 것이 이 사례에서 선택한 환경색채 전략이다.

건축요소를 강조한 색채전략

환경색채 선택

환경색채를 선택하는 방법에는 여러가지가 있을 수 있다. 루빅스 큐브는 색채를 선택할 수 있는 방법을 제공한다.

모티브

'루빅스 큐브'(Rubik's Cube)는 육면체의 각 면을 3×3 격자형태로 만든 널리 알려진 퍼즐이다. 이 퍼즐의 육면체를 이리저리 돌려서 같은 색의 격자들을 동일한 줄로 맞추는 것이 게임의 내용이다.

각각의 퍼즐의 면을 서로 조합하다 보면 여러가지 경우의 수가 나올 것이며 동시에 이러한 다양함은 초기의 단순한 조합으로도 변할 수 있다.

이러한 조합은 우리나라의 전통 보자기 중 조각보에서도 볼 수 있다. 때로는 단순하게 때로는 복잡하게 이루어진 조각보는 우리 민족의 색채의식과 공간감을 동시에 보여주고 있다. 한국적인 색채의 단순미를 내포하면서도 모던한 면분할은 인사동의 색채계획에 중요한 모티브가 될 수 있을 것으로 생각된다.

 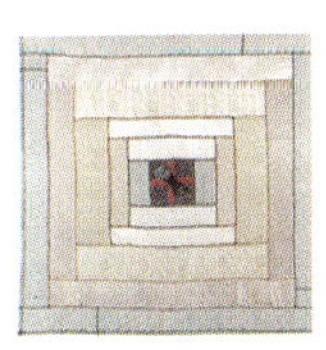   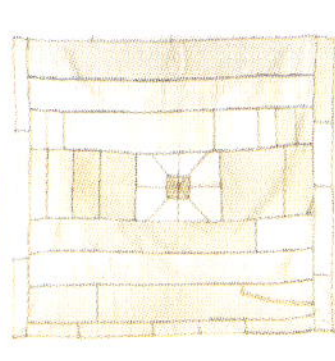 

인사동의 모습도 루빅스 큐브처럼 여러가지 요소들이 모여서 하나의 큐브를 이루고 있다고 볼 수 있다. 왜냐하면 동양과 서양, OLD & NEW, 자연스러움과 인공적인 모습들이 서로 얽히고 섞여 인사동이라는 거대한 큐브가 만들어 졌다고 생각할 수 있기 때문이다. 새로움(NEW)은 그 자체로서 의미가 없다. OLD 라는 것이 맞

물려 돌아갈 때 그 의미가 있다. 인사동 역시 서울이라는 도시 속에 전통적 모습이 있기 때문에 그 의미가 있는 것이다.

목선이 늘씬하게 잘 빠진 고려 청자 / 조잡한 싸구려 옹기
소박한 가게의 고풍스런 서까래 / 모던한 인테리어 장식

이처럼 인사동에는 양면적인 모습이 있다. 이러한 양면성으로 뒤범벅되어 있는 인사동은 정체성의 측면에서 다소 미흡하다. 따라서 인사동의 색채계획은 인사동이라는 공간(Space)이 아닌 의미와 정체성이 있는 장소(Place)로 만들 수 있는 색채계획이 필요하다. 인사동은 인사동 다울 때 가장 아름다운 모습일 것이다. 따라서 인사동의 기존의 색채에 한국의 색채를 적용한다면 인사동의 정체성을 찾을 수 있을 것이다.

인사동의 색채 이미지 스케일

앞에서 말했던 인사동의 환경색채 컨셉 'Welcome, Fun, Memory, Transition'에 따른 형용사를 대응시켜 보면 다음과 같다.

'Welcome'은 '친근한, 편안한', 'Fun'은 '즐거운, 색다른, 만지고 싶은, 촉각의', 'Memory's는 '전통적인, 오래된, 클래식한', 'Transition'은 활동적인, 변화하는' 감성어휘에 대응시켜 볼 수 있다.

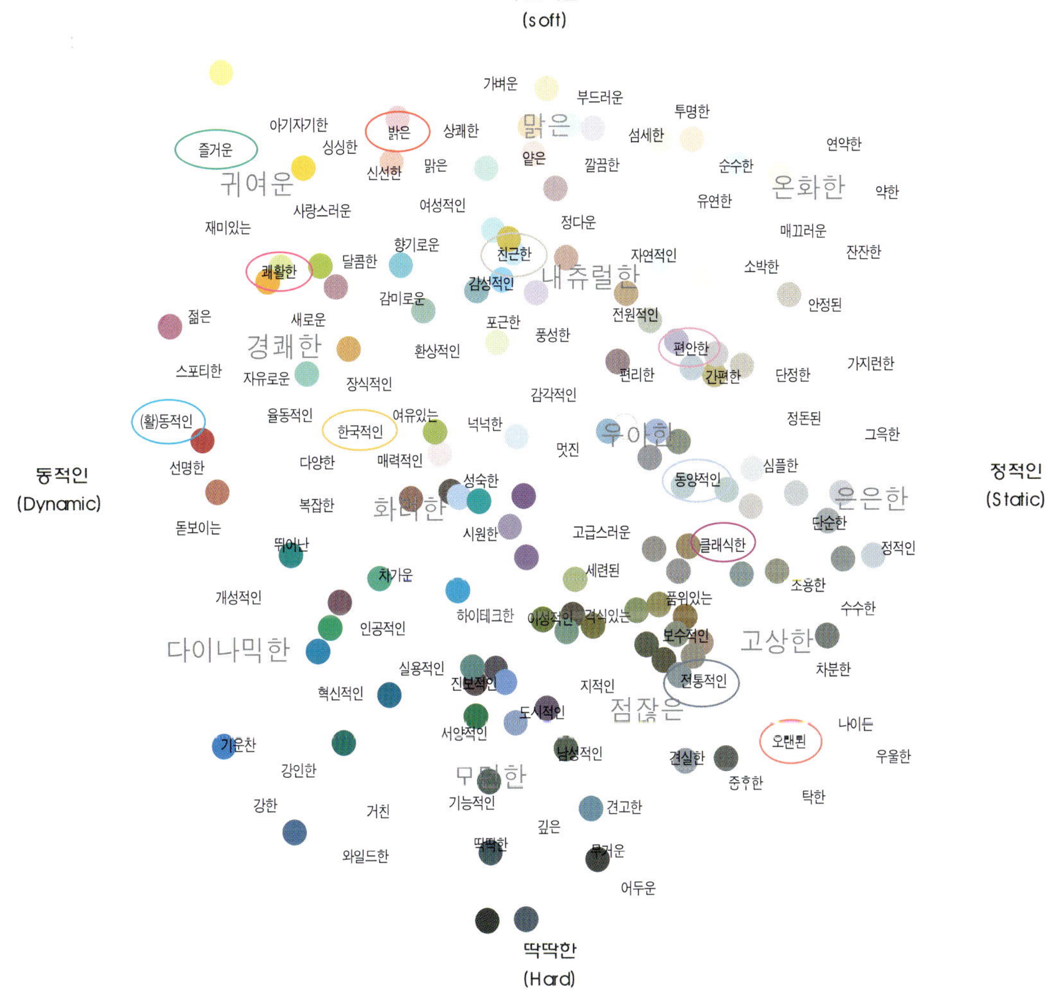

인사동의 환경색채 컨셉에 따른 이미지 스케일

환경색채의 감성어휘에 따라 배색을 결정하는 것이 필요하다. 그림에서 보는 것처럼
루빅스 큐브에 나타난 배색을 색채의 컨셉에 따라 선택할 수 있을 것이다.

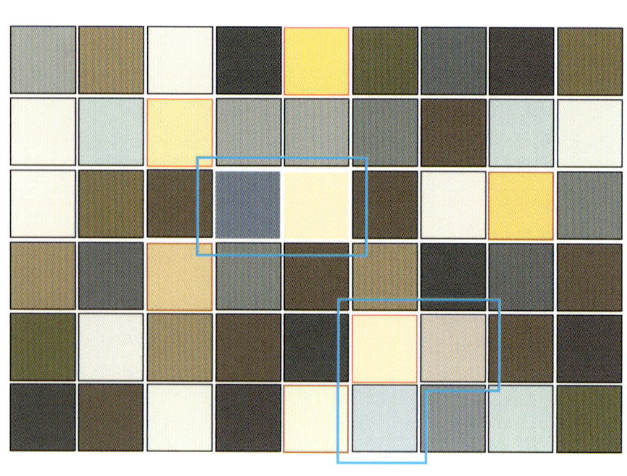

Welcome의 배색

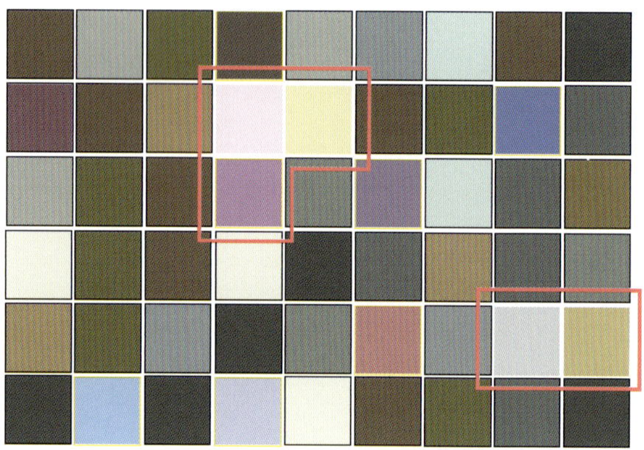

Fun의 배색

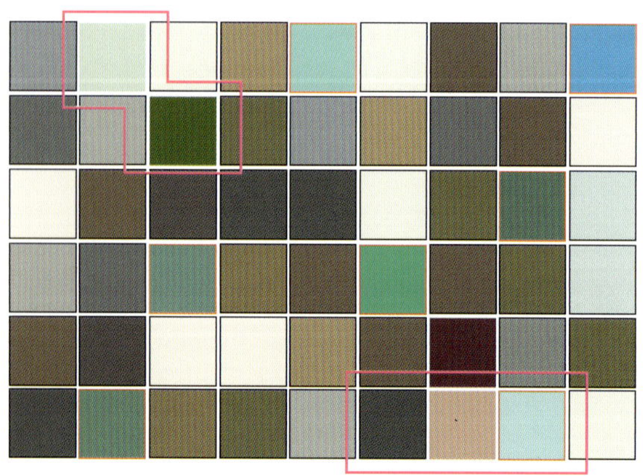

Memory의 배색

Transition의 배색

환경색채 적용

앞에서 선택한 배색코드를 실제 건물에 적용하는 것이 색채적용이다. 찾은 배색코드
에 근접하는 색채 아이콘은 다음과 같이 찾을 수 있다.

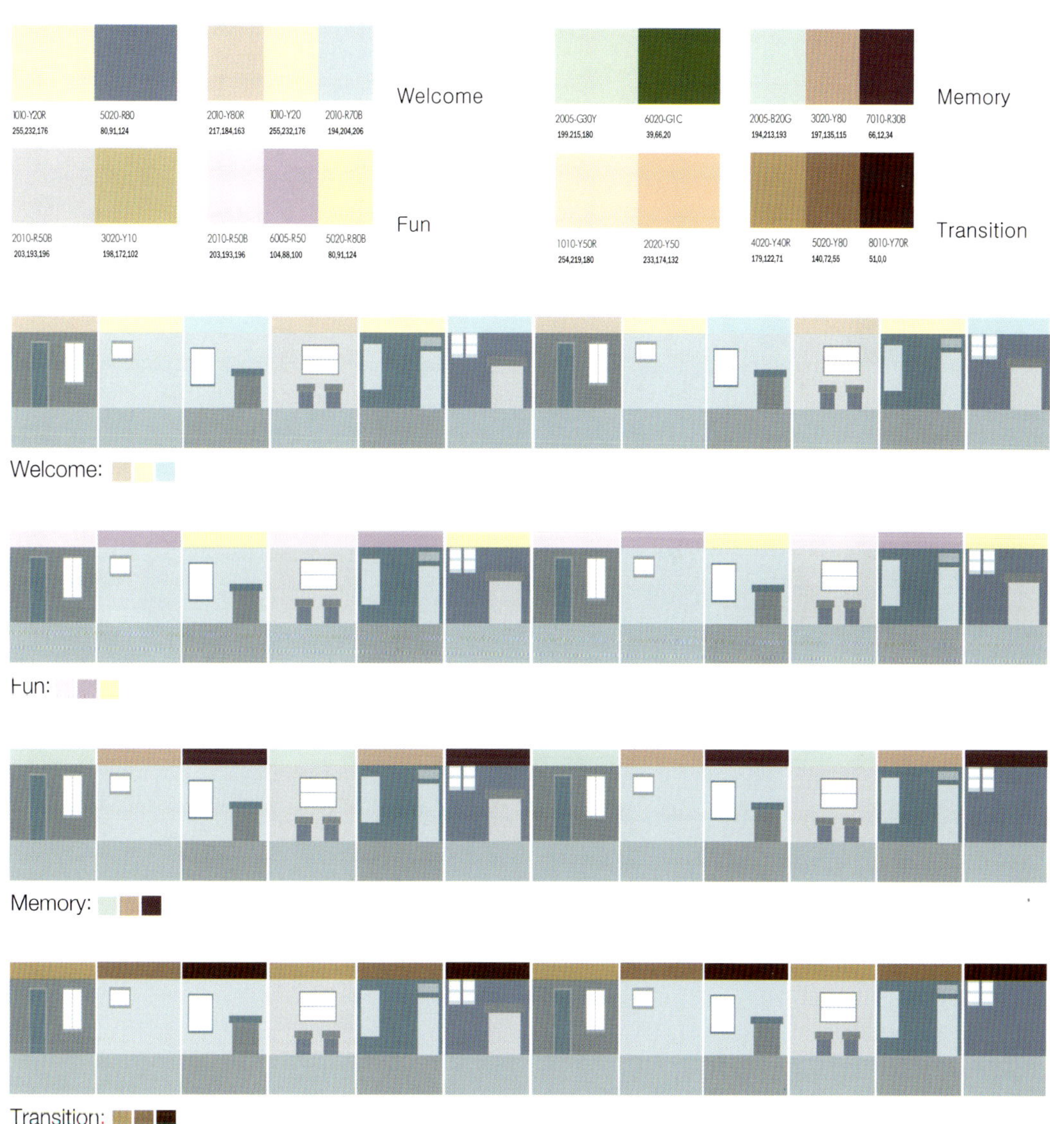

다음의 이미지들은 배색코드를 적용시켜본 실제 이미지이다.

어닝의 강조, 인사동

3

도시색채와 공간

환경색채는 용도별 환경색채와 공간별 환경색채로 나눌 수 있다. 환경색채가 어려운 것은 너무나 광범위하여 구체성이 떨어지기 때문이다. 사실 똑같은 색이라고 하여도 패션에서 사용하는 색채가 다르고 웹 디자인에서 사용하는 색채가 다르고, 포장 디자인에서 사용하는 색채가 다르다. 물론 건축가 같은 환경 디자인에서 사용되는 색채가 다름은 더할 나위 없다.

용도별 환경색채

같은 환경색이라고 하더라도 건물의 용도에 따라 사용하는 색은 달라야 한다. 도시를 구성하는 여러 건물 중에서 도심, 주거, 공단, 전통문화, 농촌 지역 등은 환경을 이루는 주요 지역 및 건축이라고 할 수 있다. 이러한 용도에 따라 색채를 다르게 사용하는 것은 당연하지만, 각 용도마다 어떻게 다른 색채를 사용해야 하는 지에 관한 가이드 라인이 필요하다. 따라서 현재 가장 시급한 것은 용도에 맞는 환경 색채 가이드라인을 설정하는 것이라고 할 수 있다. 무엇보다 이러한 가이드라인을 설정하는 데 있어 실제 사례는 큰 도움이 된다. 그럼 지금부터 도심, 공단, 주거, 전통문화, 농촌 지역 등의 순서로 환경 색채를 살펴보기로 하자.

도심의 환경색채

일반적인 도심의 환경색채는 회색의 도시색이다. 회색의 도시색은 자칫 잘못하면 도시를 삭막하게 만든다. 도시에 생기를 불어 넣을 수 있는 방법 중의 하나는 조형적인 건물을 세워 역동성을 높이는 방법과 색채를 사용하는 것이 있다. 도시의 건물에 녹색과 자연의 색을 사용하는 것은 도시민에게 활력과 신선함을 제공한다.

파리 라 데팡스 지역에 있는 주거 건축물은 환경 색채의 좋은 사례로 소개되는 건물 중 하나이기도 하다. 이 건물이 환경 색채가 잘 되었다고 보는 까닭은 단일색으로 채색되었음에도 불구하고 단조로움을 피하고 다양성과 활력이 느껴지기 때문이다. 무엇보다 이 건물의 색채는 그다지 강하지 않다. 대신 마치 도시에 거대한 나무가 서 있는 듯한 느낌을 안겨 줘, 녹지 공간 같은 분위기를 연출하고, 주거 건축의 형태에 직사각형이 아닌 원형의 형태를 사용한 점이 라 데팡스를 다른 지역에 비해 다이내믹하게 보이게 만들었다. 톤을 통일시켜 보는 이로 하여금 편안하게 느낄 수 있는 색채 배색을 한 것도 돋보이는 특징이다.

공단의 환경색채

공단의 색채는 그 곳에서 작업하는 사람들을 고려하여 결정하여야만 한다. 공단에서는 많은 작업이 일어난다. 따라서 언제나 수 많은 사고의 위험에 노출되어 있다. 작업자의 안전을 위해서는 우선 작업자가 과도하게 긴장을 풀지 않도록 해야 한다. 공단의 색을 자극이 강한 색으로 만드는 까닭도 이 때문이다.

공단의 색채 계획에서 보색의 원리가 사용되고 있는 것을 쉽게 찾아 볼 수 있다. 사람들은 흔히 파란색을 보면 그와 반대되는 색을 보고 싶은 본능을 갖는다.

작업의 위험 요소를 없애기 위해서는 명시성이 높은 색을 사용해야 한다. 그러나 명시성이 높은 색은 너무 강해 작업자가 쉽게 피로를 느

베를린의 공장

끼게 만든다. 이런 점을 고려해 공간에 색채를 사용할 때는 보색 조화를 이루어 작업자의 피로를 반감시켜 주고, 작업자의 색채 지각의 균형을 맞춰 줘야 할 것이다. 이렇게 되면 작업자가 경각심을 가지면서도, 동시에 즐거운 마음으로 일할 수 있어 생산성을 높이게 된다.

로테르담의 큐빅 하우스

로꼬 아일랜드

주거건축의 환경색채

주거건축은 그곳에 사는 거주민들에게 편안한 공간을 제공하여야 한다. 편안하고 쾌적한 공간을 만들기 위해 색채는 채도가 높은 색보다는 채도가 높고 명도가 높은 색이 좋을 수 있다. 주거건축에서 노란색은 거주자의 마음을 즐겁게 해 준다. 로테르담에 있는 큐빅 하우스는 마치 숲길을 걷는 듯한 보행로를 제공해 이 길을 걷는 사람들의 마음을 즐겁게 한다.

노란 색과 함께 큐빅 하우스의 특이한 형태 역시 이 주거 건축을 더욱 밝게 보이게 만들고, 단지를 걷는 보행자의 마음을 즐겁게 하는 요소로 여겨진다. 또한 건물에 사선을 사용해 긴장감을 연출했으며, 여기에 노란색을 사용해 긴장감을 더욱 강화시키고 있다. 큐빅 하우스는 가로 공간을 형성하고, 색채를 반복적으로 사용해 음악적인 리듬감을 연출하고, 보행자의 발걸음을 더욱 가볍게 만드는 효과를 놓치지 않는다. 이와 같이 색채를 통일시켜 사용하는 것은 도시의 이미지를 만드는데 매우 효과적이다.

노란색을 기업의 상징색으로 사용한 회사로는 허츠라는 렌트카 회사가 있다. 밝고 경쾌한 이미지를 주는 노란색을 회사의 색으로 사용해 스피드가 필수적인 렌트카 회사의 이미지를 잘 살리고 있다. 또한 노란색은 교통표지판에서는 경고 또는 경계의 이미지로 사용된다. 명시성이 높아 사람 눈에 잘 띄기 때문이다. 따라서 주거 건축이 모여 있는 단지를 더욱 밝게 보이기 위해서는 노란색 계열의 색채 사용을 사용하는 것도 고려할 만하다.

보르네오 아일랜드, 암스테르담

큐빅 하우스는 강한 색을 사용할 수 있지만, 일반적으로 주거건축에 사용하는 색은 옅은 색이다. 흰색과 베이지 계열의 색은 거주자에게 강한 자극을 주지 않으면서도, 밝은 느낌을 주는 색채 환경을 제공한다.

로꼬 아일랜드의 고층 건물의 이미지는 이러한 원리에 잘 맞춰 계획된 건물로 볼 수 있다. 밝은 색 계열의 색채는 우아하고 고상한 이미지를 연출한다.

암스테르담의 보르네오 아일랜드의 주거건축은 다양성이 돋보이는 건축물이다. 특히 이 건물에는 형태의 다양성뿐만 아니라 색채의 다양성이 있다. 다양한 색채를 통해 건물의 정체성을 확보하고 획일적이고 다소 삭막할 수 밖에 없는 공동주택을 우리의 옛 동네를 보는 듯한 친근한 장소로 변모시킨 네덜란드인의 건축술에 놀라지 않을 수 없다. 여기에서 보이는 색채 조화 원리는 다색상 조화 또는 톤의 조화라고 볼 수 있다. 여기에 보색의 조화 효과 역시 나타난다. 그러나 전반적으로 톤을 낮춰 크게 두드러지지 않으며 안정된 느낌을 준다. 이렇듯 다양한 색은 생기를 불어넣으면서도 안정되고 통일된 느낌의 환경색을 만든다.

전통 문화환경색채

환경 색채를 생각하는데 있어 전통색채는 빼 놓을 수 없다. 풍상이 지나간 세월의 흔적이 있는 건물은 왠지 모르게 가슴을 파고 드는 무엇이 있다. 이는 아마도 삶의 흔적이 그 곳에 남아 있고, 오랜 세월의 자취가 있기 때문일 것이다.

흙을 상징하는 브라운색은 전통적인 느낌을 주는 색으로 알려 있다. 하회 마을의 골목길은 어린 시절의 어렴풋한 추억을 아스라이 떠오르게 한다. 우리가 이 이미지에서 편안한 느낌을 갖게 되는 이유는 무엇일까?

인간이 문화를 발전시키고 예술을 발전시킬 수 있었던 가장 큰 이유는 자연을 모방하는 본능 때문이다. 자연은 인간의 스승이며, 인간은 자연으로부터 많은 것을 배워 왔다. 그렇기에 인간은 자연의 위대함에 경의를 표하고, 자연의 원리를 많은 디자인에 적용하려고 한다.

하회 마을의 이미지는 흙의 이미지로 상징되고, 자연의 재료색이 두드러지는 사례이다. 자연 재료를 사용한 우리의 전통 건축은 사람들에게 막연한 동경심을 주고, 친근하게 다가온다. 이처럼 자연색을 사용하면 자연과 일체화된 환경색채를 만들 수 있고, 이를 통해 사람들에게 쾌적한 공간을 제공하게 된다.

밀라노에 있는 빅토리오 엠마누엘레 건물은 이탈리아를 통일한 빅토리오 엠마누엘레를 기념하기 위해 세운 것으로 유명하다. 건물 내부를 살펴보면 갖가지 상점이 즐비해 석재의 건물에서 옛 전통의 냄새를 느끼게 한다. 무엇보다 이 건물은 많은 색이 사용된 것 같지는 않다. 그러나 석재가 갖고 있는 색채적 특성을 잘 담고 있으며, 건물 문양 역시 전통 스타일을 고스란히 보존하고 있다.

인간은 타임머신을 타지 않는 한 절대로 과거로 돌아갈 수 없다. 지금 생각하고 있는 현재도 한 순간에 과거로 변하고, 과거는 오직 우리의 머릿속에서만 존재할 뿐이다. 따라서 과거로의 회귀는 인간의 동경의 대상으로만 존재한다. 시간을 거슬러 올라가 과거를 느낀다는 것은 인간이라는 존재를 한 번 더 생각하게 한다. 그런 점에서 역사적 느낌을 안겨주는 환경색채는 사람들에게 즐거움과 추억을 되살려 주는 색채이다. 우리 도시의 환경색채를 계획할 때 역사적 숨결이 느껴지는 색채를 사용하는 것도 진지하게 고려해 보아야 할 것이다.

여행을 자주 하는 사람들은 도시를 방문하거나 다른 나라를 찾을 때 우선 시장을 찾으라고 얘기한다. 시장이야말로 그 지역의 생생한 삶의 현장을 보여주기 때문이다. 과일이 널려져 있는 시장은 지역의 환경색채를 보여주는 대표적인 이미지다. 빨강, 노랑, 파랑, 오렌지 등 다양한 색채가 활발한 시장의 분위기를 보여주기 때문이다.

시장에서 판매되는 과일의 색은 자연색일 수밖에 없다. 자연색을 발견할 수 있는 시장에는 삶의 활력과 열기가 있다.

사람들은 누구나 쇼핑을 좋아한다. 그러나 대부분의 사람에게 쇼핑의 즐거움은 좋은 환경에서 가능하다고 여겨진다. 편안하고 여유로운 마음으로 쇼핑할 수 있는 환경, 쇼핑하면서도 뭔가를 생각할 수 있고, 삶을 생각할 수 있는 도시의 오아시스가 시장이다.

초록은 건강색이고 무공해의 색이며 젊음의 색이다. 사람들은 초록색을 보며 성장감을 느끼고, 신선함을 느낀다. 초록색은 건강과 직결되는 색으로, 도시 환경에서 없어서는 안 될 색이다. 쾌적한 도시 공간을 만들기 위해서는 충분한 녹지의 공간이 필요하다. 그러나 좁은 국토에 많은 인구가 모여 사는 우리 나라의 경우 충분한 녹지 공간을 확보하기 힘든 게 사실이다. 그러므로 비록 인공적인 방법이지만, 초록

하회마을　　　　　　　　　파리

색을 계획해 녹지 공간을 간접적으로 느끼게 하는 환경색채는 매우 중요하다.

　　길 모퉁이에 있는 작은 가게, 우리나라에서는 흔히 볼 수 없는 빨간색의 가게가 도시의 거리를 아름답게 만든다. 붉은색 계통의 색은 보는 이의 식욕을 돋우고, 왠지 맛있는 음식을 판매하는 느낌을 안겨준다. 더군다나 함께 보이는 녹색 계열은 상점에서 파는 물건이 신선하고 위생적임을 암시한다.

　　간판 역시 볼 만하다. 우리의 간판과 달리 가게를 크게 드러내지 않으면서도, 운치 있고 그리하여 왠지 방문하고 싶게 만드는 이미지를 주고 있다. 우리는 이러한 이미지가 어디에서부터 오는지 생각해봐야 할 것이다. 무엇보다 이 이미지에서 보이듯, 많은 색채를 사용하지 않고 톤의 조화를 이루는 것만으로도 이와 같이 좋은 이미지를 만들어내는 사례를 주의 깊게 보아야 할 것이다.

농촌의 환경색채

농촌의 환경색채는 자연과 밀접한 관계가 있다. 자연의 환경색채는 나무, 강, 바다, 산 등의 색에서 비롯된다. 이 색들은 나라마다 별 차이가 없는 것 같지만, 자세히 살펴보면 그 색이 서로 다르다는 사실을 알게 된다. 다음의 이미지들은 안동 지례 예술인촌 등의 사진들은 우리의 자연색을 느끼게 해준다. 앞에서도 말했듯이, 자연은 우리의 스승이고 인간이 모방하고 싶은 대상이다.

　　예를 들어, 비슷한 색채를 띠면서 반복되어 있는 나무 장작들에서 우리는 무언가를 느끼게 된다. 이러한 자연색의 구현은 우리의 환경색채 계획을 성공적으로 이끄는 데 큰 역할을 할 것이다.

　　안동 지례 예술인촌의 전경은 가을의 정취를 물씬 느끼게 한다. 이 이미지가 아름다운 까닭은 바로 자연색이 표현되어 있고, 동시에 빨강과 초록의 보색 조화가 있기 때문이다. 물론 이러한 자연색을 환경 색채에 그대로 적용하기란 어려운 일이다. 그리하여 이러한 색채를 잘 조절해 환경 색채에 맞는 배색을 개발하는 일은 매우 중요하다. 이를 조절해 배색 코드를 만들기 위해서는 채도를 낮추는 것을 고려해야 한다.

사진 속 단풍나무 잎과 은행나무 잎의 색채는 이 땅의 자연색을 보여주는 대표적인 예이다. 언뜻 보기에는 다른 나라의 색채와 똑같게 보이지만, 여기에는 분명히 색채의 차이가 존재한다. 즉, 자연과 조화를 이루는 농촌의 환경색채를 계획하기 위해서는 우리의 자연색에 대한 과학적인 분석이 필수적이다.

강, 바다, 산 등의 색에서 비롯된다. 이들의 색은 나라마다 별 차이가 없는 것 같지만 자세히 살펴보면 서로 그 색이 다르다는 것을 알 수 있다.

나무의 색

지례 예술인촌, 안동

공간별 환경색채

앞에서 용도별 환경색채에서 이야기 하였지만 주거건축에 대해서는 공간별 환경색
채에서도 다시 한 번 이야기 하고자 한다. 물론 여기에서는 외관 색채 보다는 실내
공간의 색채에 대하여 이야기 하려고 한다. 앞에서도 몇 번 이야기 하였지만, 주거환
경 색채로서는 비전이라든가 청사진이라든가 이런 것을 이야기하는 파란색 계통의
차가운 색 보다는 따뜻한 색을 사용하는 것이 사람들에게 즐거움을 주고 도시생활에
활력을 주는 색이 좋다고 다시 한번 이야기하고 싶다.

외부 환경색채에 비하여 주거건축의 실내 환경색채는 개인적인 선호에 의하여
결정되는 것이 많다. 단적으로 이야기하여 실내공간의 환경색채의 명확한 지침이라
든가 원리가 있을 수 없고 또한 절대적인 배색이 있을 수 없다는 것을 밝히고 싶다.
단지 그 거주공간을 사용하는 사용자들의 감성이나 어떤 분위기에 따라 색채를 결정
하면 되는 것이고, 그것은 언제라도 바뀔 수 있어야 된다고 생각한다. 그래서 실내주
거공간의 색채를 계획함에 있어 외관과 달리 어떤 스타일을 반영하려는 것은 위험한
경우가 많이 있다. 그러나 사적인 것이 아니고 공적인 영역에서는 사람들의 시선을
모음으로써 중심공간으로서의 역할을 하기에 충분한 환경색채 계획을 하여야 하며
그 환경색채 계획은 다양하고 어떤 때는 강한 이미지를 심어줄 수 있는 그런 색채로
바뀌어야 한다는 것이다. 여하튼 결론적으로 이야기해서 주거공간에서의 채도가 높
고 강력한 이미지는 그렇게 추천할 만한 것이 못되고 오히려 파스텔톤이나 중성색이
주거공간의 환경색채로 적합하게 될 가능성이 많다는 것을 밝히고 싶다.

이에 비하여 상업공간은 짧은 시간 내에 사람들의 시선을 잡아야 하는 문제가
있다. 그래서 상업공간에서는 명시성이나 가시성을 높이기 위하여 강한 채도의 색채
를 사용한다. 이러한 예는 포츠담머 플라츠, 로테르담의 상점, 유트레흐트, 빠리 등
의 상점 외관에서도 쉽게 발견할 수 있다. 레스토랑과 같은 까페에는 일반 상점과는
달리 음식을 제공하고 또한 재미를 제공하여야 되기 때문에 단지 강렬한 색채를 사
용할 수만은 없다. 그것은 까페의 분위기에 따라 색채를 사용하여야 된다는 것이다.

그러나 여기서 공통적으로 적용할 수 있는 것은 레스토랑이나 까페는 상업공간인 동시에 문화를 이야기할 수 있는 그런 장소이기 때문에 더욱 더 재미라는 요소를 가지고 가야 한다.

　　백화점은 그 말이 의미하는 것처럼 한 장소에서 여러 가지 물건을 판매하게 된다. 일반적으로 백화점의 환경색채 계획은 판매되는 물품에 따라 색채계획을 달리하여야 한다. 일반적인 색채계획으로 백화점에서는 층별로 다른 색채계획을 도입하기도 한다. 자동차 전시장과 같은 곳은 자동차를 보다 더 띄워주며 자동차의 기술과 편안함을 동시에 보여주어야 하기 때문에 하이테크 하면서도 편안한 느낌을 주는 환경색채 계획을 필요로 한다. 전시장의 경우도 전시물이 계속되는 상황에서 색채를 강하게 사용하는 것은 일반적으로 좋지 않다. 그러나 전시로 사용하지 않는 공간은 화려하고 다양한 색채를 사용하여 축제분위기의 전시장을 연출할 수도 있을 것이다. 퐁피두 센터는 그러한 점에서 잘 계획된 사례의 하나이다. 권위를 강조하거나 부를 강조하는 장소, 예를 들어, 궁전과 같은 곳은 금색을 사용하여 고급스러움을 강조하는 것이 좋을 것이다. 성당과 같은 종교적인 건물에서는 영혼의 갈급함이라든가 신에 의지하는 마음을 자아내는 색채를 연출하여야 할 것이다. 여행객이 드나드는 역사나 공항은 사람들이 여행의 즐거움을 잃지 않도록 색채계획을 하여야 할 것이다. 유트레흐트의 역사나 파리의 지하철은 그런 것을 보여주기에 충분하며 파리의 드골공항도 즐거운 마음과 낭만적인 분위기하에 출입국할 수 있는 공간을 제공한다.

일산의 아파트　　　　　　　　부티크 모나코

브라질 기숙사의 실내 색채　　　스위스 기숙사　　　브라질 기숙사

베를린, 소니플라자, 레스토랑 내부

파리의 색채

베를린, 장누벨, 백화점 건물

로테르담의 색채

라빌레트의 색채, 파리

퐁피두센터의 색채

베르사유 궁전의 색채

베를린 지하철의 색채

파리 지하철의 색채　　드골 공항의 색채

BMZ
SPZ
BMZ 2
SPZ →
TR 2
TR 2

D05

도시색채의 미래

1

건축가의 색채

인간의 관점에서 볼 때, 사람을 제외한 모든 것은 환경이다. 사람은 살아가면서 환경에 의해 많은 영향을 받는다. 그렇기 때문에 환경의 중요성은 매우 크다. 건축가들이 환경을 만드는 접근 방법은 크게 둘로 나누어 볼 수 있다. 즉, 자연환경의 일부로서 자연환경과 조화를 이루는 접근과, 자연과 대비를 이루어 건물을 돋보이게 설계하는 방법이 있다. 일반적으로 많은 건축가들은 자기 자신이 설계한 건물이 돋보이기를 원한다. 이런 생각에 집착을 하는 건축가들은 환경에 적합한 건물을 설계하지 못하는 실수를 종종 하곤 한다. 우리는 자연에 순응하여 건물을 설계한 건축가로 프랭크 로이드 라이트를, 자연과 대비를 이뤄 건물을 설계한 건축가로 리트펠트, 르 꼬르뷔지에, 알도 로시, 베르나르 츄미 등을 꼽는다.

리트펠트는 원색을 사용하는 '데 스틸 운동'의 대표 주자다. 리트펠트는 건물을 마치 그림의 평면을 구성하듯 설계한다. 그렇기 때문에 리트펠트와 몬드리안은 우정이 깊은 친구 같은 사이다. 건축물의 외관을 하나의 그림으로 생각한 아이디어는 지금 생각해도 흥미롭다. 리트펠트는 흰색 이외에도 빨강, 노랑, 파랑 등 원색을 사용하여 색채 조화의 삼각형 조화 원리를 구현하였다. 색채 삼각형 조화 원리는 색상환에서 세 개의 색채가 이루는 각도가 각각 60도의 정삼각형을 이루는 배색원리를 기반으로 한다. 삼각형 배색은 주로 원색으로 많이 나타난다.

프랭크 로이드 라이트가 브라운 계통의 색을 즐겨 사용한 것을 보면, 라이트는 분명 로마 건축을 무척이나 좋아했던 모양이다. 라이트는 대지의 일부로 건축을 생각하였다. 브라운색은 대지의 색이며 대지에서 모든 생물은 탄생했다. 그래서 대지의 색, 브라운색은 전통적이고 고전적인 느낌을 준다.

르 꼬르뷔제는 리트펠트와 마찬가지로 흰색을 즐겨 사용했던 대표적인 건축가이다. 이러한 전통을 이어받은 건축가가 안도 다다오나 리차드 마이어 등이다.

알도 로시는 포스트 모더니즘을 표방하는 건축가로서, 다양한 색채를 사용한 건축가였다. 베르나르 츄미는 빨간색은 색이 아니기 때문에 빌레트 공원에서 빨강색을 사용했다고 말한다.

프랭크 로이드 라이트

프랭크 로이드 라이트는 유기적인 건축을 추구했던 건축가로 유명하다. 유기적인 건축이 건물을 살아있는 생명체로 본 것은 너무나도 멋진 생각이었다. 최근 들어 그 중요성을 더하고 있는 친환경적인 건축을 일찍부터 시도한 것은 시대를 앞선 것이었다. 라이트는 친환경성을 건물에 반영하기 위해 자연색과 자연적인 재료를 즐겨 사용하였다.

라이트가 미국 펜실베니아에 있는 낙수장을 비롯하여 많은 주택을 설계한 사실은 주택을 공부하는 사람들에게는 고무적인 일이다. 로비 하우스는 주택을 대지의 일부로 표현한 라이트의 프래리 주택(초원 주택)의 전성기를 보여준다. 로비 하우스의 수평성은 대지의 특성을 반영한 것이기에 더욱 멋져 보인다. 대지의 특성을 표현하려는 라이트의 노력은 이러한 수평성을 표현하는데 그치지 않았다. 라이트는 재료의 색채를 대지의 색채와 유사한 색채로 표현했다. 라이트가 주변의 환경과 잘 어울리는 색채를 보여 준 것은 환경색채를 계획하는 모든 이들에게 좋은 모델을 제시한 것이었다.

리트펠트

리트펠트는 주변의 색채와 조화를 이루기보다 새로운 건축 사조를 먼

로비하우스, 시카고

저 결정한 다음 색채를 선택한 건축가이다. 리트펠트가 주도한 데 스틸 운동은 인상파의 영향을 받아 원색을 사용하였다. 데 스틸 운동이 원색을 사용한 이유는 순수성을 표현하기 위한 것이었다. 리트펠트에게 있어서 건물의 순수성이나 절대성을 표현하는 것은 중요했다. 그렇기 때문에 그가 설계한 주택에서 흰색, 노랑색, 빨강색, 파랑색, 검정색 등의 원색이 나타나는 것은 이상한 일이 아니다. 원색을 통해 순수하고 밝은 이미지의 주택을 표현하려고 한 생각! 그것은 현대를 살아가는 오늘날의 사람들도 하고 싶은 일이다.

슈뢰더 주택 외부, 유트레흐트, 리트벨트　　　　　슈뢰더 주택 내부, 유트레크트, 리트벨트

　　　슈뢰더 하우스는 네덜란드의 암스테르담과 로테르담 중간에 자리한 유트레흐트라는 도시에 세워진 주택이다. 비록 주변환경과 조화를 이루고 있지는 않지만, 새로운 건축 사조의 시작을 상징하는 건축물이라는 이유만으로도 전 세계 건축학도들의 발길을 끊기게 하지 않는다.

　　　이 주택에서 재료로서 철골을 사용하여 공업화 주택의 효시를 만든 것은 건축사에서 길이 남을 일이다. 가변성을 중요하게 고려해 거주자의 요구에 따라 평면의 변경을 가능하게 한 것도 시대를 뛰어 넘은 생각이었다. 이 주택에서 외부와 내부를 동일한 색채로 구성한 것은 솔직함을 최대의 가치로 본 소산 때문일까? 바닥을 검은색으로 하고, 벽체는 흰색으로 했기 때문에 주택은 강한 흑백의 대비를 이룬다. 흑백의 대립은 거주자로 하여금 삶에 있어서 적지 않은 긴장과 활력을 잊지 않게 만든다. 거주자가 삶의 본질을 찾아 절대성을 추구하는 삶의 패턴을 가질 수 있게 자연스럽게 유도하려는 리트펠트의 생각! 여기에서 우리는 인생의 진리를 찾아가는 고된 삶의 여정에 대한 리트펠트의 고민을 동감하게 된다.

르 꼬르뷔지에

리트펠트와 피카소가 없었다면 르 꼬르뷔지에의 건축은 현재와는 크게 달랐을 것이다. 그는 피카소의 입체주의에 의해 영향을 받고 또한 순수주의를 표방한 건축가이다. 그가 순수성을 표방하기 위해 흰색으로 설계한 대표적인 건물 사보아 주택은 프랑스 파리 근교 쁘아시에 평온하게 서 있다. 사보아 주택은 총3층으로 된 주택이다 1층과 3층은 곡면으로, 2층은 직육면체로 되어 직선과 곡면의 대비를 이루는 사보아 주택은 많은 건축학도들의 사랑을 받는다. 특히 이 주택을 르 꼬르뷔지에가 제안한 '근대 건축 5 원칙'을 완벽하게 반영하는 주택이기 때문에 이 주택을 바라보는 시선이 남다를 수 밖에 없다. 근대건축 5 원칙은 수평창, 필로티, 자유로운 평면, 자유로운 입면, 옥상정원 등을 말한다. 사보아 주택에는 흰색 이외에도 검정, 빨강, 초록등의 색이 있다. 르 꼬르뷔지에는 이 주택에서 흑백의 색과 빨강, 노랑, 초록등의 기본색을 사용한다. 피카소가 다양한 형태를 원, 구, 육면체 등의 단순한 형태로 압축한 것처럼, 르 꼬르뷔지에 역시 다양한 색을 몇 가지의 기본색을 사보아 주택에 압축하였다.

사보아 주택의 1층과 3층은 곡선으로 이루어진 평면을 구성한다. 사보아 주택에서 2층의 직사각형의 매스는 단순함의 절정을 보여준다. 곡선과 직선이 대조를 이루게 한 것도 사보아 주택을 훌륭하게 만드는데 크게 기여했다. 이 주택의 형상은 배를 연상해 계획하였다고 한다. 르 꼬르뷔제는 바다에 떠 있는 배처럼 대지에 떠 있는 주택을 만들기 위해 르 꼬르뷔제가 생각한 건축 개념이 필로티이다.

르 꼬르뷔제는 건축의 특징은 보는 사람의 시선을 통제한다. 주택에 거주하는 사람이 모든 방향을 볼 수 있지 않다. 개방된 프레임을 통해 건축가가 보여 주려고 한 것만 거주자가 볼 수 있다. 다시 말해, 건축가의 의도에 의해 그림처럼 실내로 유입된 이미지만 거주자가 볼 수 있다. 사보아 주택의 흰색은 최근까지도 활발하게 활동 중인 리차드 마이어에까지 이어져 '백색주의'를 만들었다.

사보아 주택, 르꼬르 뷔지에

마이클 그레이브스

뉴욕 5의 일원이었던 마이클 그레이브스가 백색주의를 포기하고 포스트 모더니즘으로 전향하기까지 마이클 그레이브스는 건축에 대한 많은 생각을 하였을 것이다. 포스트 모더니즘에 매료된 마이클 그레이브스는 역사적인 전통성을 축구하게 되었고 그 결과 브라운의 색채를 즐겨 사용한다. 또한 사람의 형상에 비유하여 건물을 인격화시켜 다리, 몸통, 머리의 3등분으로 구분하여 건물을 설계한다. 인간화된 건물을 만들려고 한 그레이브의 생각에서 인간존중의 가치를 피부로 느낀다. 마이클 그레이브스는 역사성과 시간성을 추구한다. 그런 생각에서 그가 즐겨 사용하는 브라운 색깔은 인간의 마음을 편안하게 만들고 심지어는 환희의 감정을 만든다. 구마모토는 일본의 오사카나 도쿄와는 달리 인간적인 면이 느껴지는 그런 도시이다. 그래서 아직까지도 그 도시에 대한 기억이 생생하다. 예전에는 그레이브스가 쓴 브라운색의 가치를 크게 실감하지 못했다. 그러나 나이가 들어감에 따라 브라운색이 주는 매력이 마음 속을 더욱 더 사로잡는다. 젊었을 때는 파란색을 좋아하지만 나이가 들면서 브라운 색을 좋아하게 된다는 말은 아무리 말하여도 젊은 사람들은 실감하지 못한다.

후쿠오카

알도 로시

알도 로시는 이탈리아가 자랑하는 건축가이다. 그가 건축색으로 이탈리아를 상징하는 초록색을 즐겨 사용한다는 것도 알도 로시가 이탈리아 사람이라는 것을 알고 나면 쉽게 이해할 수 있다. 초록색을 향한 알도 로시의 사랑은 이태리가 아닌 베를린에서도 나타났다. 베를린에 세워진 알도 로시의 집합주택은 채도가 높아 초록색, 흰색, 갈색 등의 강한 색으로 확연하게 그 모습을 드러낸다.

최소의 색을 사용한 근대 건축에 비해 포스트 모더니즘의 건축이 다양한 색을 사용한 것은 색채의 관점에서 보았을 때 환영할 만한 일이다. 다양한 색을 사용한 알도 로시의 집합주택은 포스트 모더니즘의 건축이다. 포스트 모더니즘의 건축은 절대적인 것을 추구하기보다는 상대적인 것을 추구한다. 상대주의는 엄격한 의미에서 세상에 절대적인 진리란 없다고 보며, 상대적인 관계 속에서 진리를 찾으려고 한다. 근대 건축에서 절대성을 추구하기 위해 흰색을 가장 완벽한 색으로 생각했다. 그러나 포스트 모더니즘 건축에 있어 흰색은 더 이상 절대적인 색도, 본질적인 색도 아니다. 본질적인 색을 부정한 포스트 모더니즘의 건축은 다양한 건축색을 사용한다. 역사적 건축물을 차용하기에 포스트 모더니즘의 건축은 브라운색을 즐겨 사용한다.

포스트 모더니즘을 차용하고 있는 알도 로시의 집합주택은, 흰색을 그다지 중요하게 여기지 않는다. 이 보다는 초록색과 브라운색 그리고 노란색이 서로 혼합된 다양한 메시지, 보는 사람의 시선의 즐거움을 중요하게 생각한다. 물론 우리 나라의 실정을 감안할 때, 이러한 시도를 아무런 여과없이 받아들일 수는 없는 노릇이다. 우리 나라는 간판의 색을 강하게 사용하기 때문에 색의 사용은 가능한 절제해야 한다. 알도 로시의 집합주택의 색이 아름다운 이유는 간판이 없고 수퍼 그래픽적인 요소가 없어서 그런 것 같다. 이러한 점 때문에 강한 색을 사용해도 사람들은 혼란스럽게 만들지 않는다. 알도 로시의 집합주택은 배경 이미지로서의 건축이 아닌, 전경 이미지로서의 환경색채를 보여주는 대표적이다. 건축가의 개성이 강하게 나타난 주변색과 조화를 이루지 못하지만 건물의 색채가 아름답게 느껴진다. 그 이유는 무엇일까? 그건 색과 색의 기막힌 관계를 연출해서일까? 아니면 건물에 간판이 부착되어 있지 않아서일까?

베를린

한스 샤로운

솔직하게 말해 한스 샤로운에 대하여 그렇게 아는 바가 많지 않다. 단지 모더니즘을
탈피하여 포스트 모더니즘으로 가는 중
간선상에 있는 작가 정도로만 기억한다.
베를린을 방문한 사람들이라면 한번 쯤
은 한스 샤로운의 베를린 필 하모니 건
물을 접하게 된다. 그 이유는 그 형태의
특이함, 그 건물에 입혀진 노란색 때문
이다. 베를린 필 하모니 건물은 베를린
도시에서 가장 눈에 잘 띄는 건물이다.

베를린 필하모니

타다오 안도

타다오 안도에 열광하는 건축학도가 많이 있을 줄 안다. 타다오 안도가 추구하는 인
간의 정신성 회복이라는 말은 너무나도 가슴에 와 닿는 말이다. 그러나 타다오 안도
의 건축은 삭막하다. 그건 콘크리트 때문이다. 난 회색의 콘크리트가 싫다. 타다오
안도는 긴 동선을 좋이 힌다. 그거나 긴 동선 때문에 사람늘은 짜승을 낸다. 타다오
안도가 인간의 정신을 고양시키기 위해 만든 동선의 연장 때문에 발생되는 그러한
불편함이나 고통을 일반 사람들은 수용하려 들지 않는다.

　　물론 색이 없는 빛에 의하여 인간의 나아갈 방향과 신과 교감하는 것은 너무나
당연하다. 그러나 이것만 있는 삶은 너무 건조하다. 마치 천상병 시인이 이야기한 우
리는 모두 지구에 소풍 온 사람들이라는 말은 무척이나 공감이 가는 말이다. 소풍을
왔으니 즐겁게 시간을 보내야 하지 않겠는가? 우리는 행복하기 위해 이 세상에 왔
다. 정신의 피폐함을 극복하려는 타다오 안도의 건축은 무엇보다도 사람의 마음을

빛의 교회, 타다오 안도, 오사카

따뜻하게 만들지 못하기 때문에 실패작이다. 회색이라는 것을 전혀 사용하지 않을 수는 없다. 그러나 가능한 콘크리트의 회색을 피해야 될 것 같다. 그래서 사막과 같은 삭막한 세상이 아닌 어머니의 사랑과 같은 따뜻함이 있는 아름다운 세상을 꿈꿔야 한다.

렘 쿨하스

렘 쿨하스의 사무소에서 출간한 칼라라는 책을 본 적이 있다. 그 칼라라는 책은 렘 쿨하스가 운영하는 OMA에서 사용하는 색을 총 망라했다. 우리 나라에서 색채의 중요성을 생각하는 건축 설계사무소가 거의 없다. 렘 쿨하스는 색채를 중요하게 다룬다. 여러 가지 다양한 색을 사용하면서도 렘 쿨하스 개인은 블랙을 좋아한다. 사실 블랙은 암흑이다. 블랙의 암흑처럼 우리들의 미래는 알 수가 없다. 우리의 인생도 블랙 박스와 같다. 미래에 무엇이 어떻게 진행될 지 우리는 아무도 정확하게 예측할 수가 없다. 그것이 이 세상을 지배하는 보편진리이다. 그런 보편진리를 표현하고자 했던 렘 쿨하스는 다른 건축가가 일반적으로 사용하지 않는 검은색을 사용한다. 렘 쿨하스는 일본의 넥서

네델란드 대사관, 렘 쿨하스, 베를린

스 월드에서 검은 색을 사용하였으며 삼성미술관 리움에서 검은색을 사용하였다. 그러나 나는 검은색을 건물의 색채로 사용하는 것을 탐탁하게 여기지는 않는다. 인생은 짧다. 이 세상에는 많은 즐거움이 있다. 물론 많은 슬픔도 있다. 우리가 이 세상에 아무리 오래 산다고 한들 이 세상에 존재한 즐거움을 모두 다 경험할 수는 없다. 그렇게 인생은 짧다. 인생은 우리들이 즐거움만을 경험하면서 살기에도 너무 짧다.

베르나르 츄미

베르나르 츄미는 해체주의를 표방하는 건축가이다. 그가 라 빌레트의 공원에 빨간색 건물을 세우자, 많은 사람들이 건물에 빨간색을 사용한 것을 의아해 하면서 그 이유를 물었다고 한다. 이 질문에 그는 "빨간색은 색이 아니기 때문"이라고 답했다.

왜 베르나르 츄미는 이런 말을 했을까? 그의 말은 색에 대해 갖고 있는 고정관념을 여실히 보여준다. 또 색채에 의미를 부여하지 않고 단지 강한 이미지만을 주려고 했던 그의 의도를 엿보게 한다.

물론 베르나르의 말에도 불구하고 여전히 빨간색은 프랑스를 대표하는 색이자, 강한 에너지를 발산하는 색이다. 라 빌레트를 방문한 사람들이 빨간색을 쉽게 기억하는 것도 빨간색의 강렬함 때문일 거다.

일반적으로 사람들은 색채를 볼 때 분위기를 느끼지만, 색채 자체는 잘 기억하지 못할 때가 많다. 베르나르 츄미가 사람들이 라 빌레트의 색채를 쉽게 기억하게 만들었다는 것은 그가 환경 색채 계획에서 성공하였음을 시사한다.

라 빌레트 공원

프랭크 게리

프랭크 게리에게 어린 시절 시장에 가는 것은 큰 즐거움의 하나였다. 특히 시장에서 할머니가 사 주신 물고기는 지금까지도 프랭크 게리가 마음속에 간직하고 있는 추억이다. 이처럼 즐거운 추억 때문에 프랭크 게리는 물고기에 집착한다. 물고기의 비늘 색을 표현하기 위해 프랭크 게리는 티타니움의 재료를 사용한다. 티타니움의 재료색은 은회색이며, 이것은 프랭크 게리의 건축에 흔히 나타나는 색이다. 은회색과 함께 프랭크 게리는 브라운색을 즐겨 사용하는 건축가이다. 프랭크 게리가 설계한 DG Bank의 외관은 평범하다. 그러나 외피 속의 실내공간은 유기적인 형태로 사람들의 시선을 모은다. DG Bank에서 형태와 색채의 완벽한 조화를 보는 듯 하다.

DG Bank, 프랭크 게리, 베를린

2

경관색채의 디자인

"아버지를 따라 카펫이 깔린 이태리 식당에 들어갔을 때 나는 그곳이 내가 알던 곳과는 다른 세계임을 알았다. 테이블 위에는 작은 꽃병과 촛대가 놓였고, 부유하고 세련된 분위기의 사람들이 양식기를 능숙하게 다루며 나누는 나직한 대화가 실내공기를 조용히 흔들고 있었다. " 은희경의 소설 '아름다움이 나를 멸시 한다' 의 첫 부분이다. 소설 속의 글은 아름다운 실내공간을 연상시키지만 우리의 실제 환경은 어떠한가? " 환경이 우리를 멸시하고 있는 것은 아닐까?" 색채는 아름다움의 근원이다. 건물의 외관색채만큼이나 내부색채도 중요한 역할을 한다.

건물 내부의 색채는 외부의 색채에 비해 심리, 생리적인 특성이 강하다. 실내의 색채계획에서는 작업의 능률을 향상시키고, 눈의 피로를 줄이고, 사고방지와 안전성을 높이는 기능을 한다. 또 사람의 심리, 생리적 상태를 안정시켜 쾌적한 실내 분위기를 만들기도 한다. 건물의 내부색채는 외부색채에 비해 사람들의 생각이나 기분에 더 많은 영향을 미친다.

건물의 내부색채

많은 실내 디자이너들은 일반적으로 난색계, 고명도, 저채도의 색을 즐겨 사용한다. 이들은 천장면은 명도를 높고 밝게, 바닥면은 명도를 낮게 해서 어둡게, 또 천장과 바닥 사이에 있는 벽은 천장과 벽의 중간 정도를 사용한다. 일반적으로 천장을 벽보다 어두운 색이나 강한 색을

난색계의 실내

피로감을 주는 고채도의 실내공간

사용하면 천장이 실제보다 낮게 보이고, 압박감이 높아져 불안정한 공간이 된다. 천장에는 명도 9이상의 무채색, 또 색상 10YR~2.5Y에서 명도 9이상, 채도 1~2의 색을 사용하는 것이 좋다. 색상이 5B~2.5PB라면 명도 9이상, 채도 0.5이하의 색을 사용하는 것이 무난하다.

벽면 색채는 고명도, 고채도의 색을 사용하지 않는 것이 좋을 때가 많다. 왜냐하면 색채가 눈앞에 다가오는 느낌을 줘서 스트레스로 작용하여 심리적인 고통을 주기 때문이다. 압박감을 주는 고채도의 벽면은 좁은 공간에서는 가급적 사용하지 않는 것이 좋다.

우리들은 일반적으로 아동시설하면 울긋불긋 활기찬 색을 연상한다. 이러한 생각 때문에 아동시설에서 강렬한 색채를 내, 외부에 사용할 때가 많다. 그러나 내부공간에서 이처럼 강렬한 색을 쓴다는 발상은 너무 잘못된 것이다. 왜냐하면 이들 공간도 교육공간의 기능을 필요로 하기 때문이다. 기본적인 기능을 무시한 색채계획은 있을 수 없다. 교육적인 기능은 차분한 분위기에서 그 효과가 극대화 될 수 있다. 아동시설이라도 고채도의 색은 최소로 사용하는 것이 필요하다. 왜냐하면 아동들의 피로감을 최소로 하고, 아동들이 직접 만든 여러 가지 교육 성과물을 벽에 전시할 수 있어야 하기 때문이다.

일반적으로 벽면의 색채는 명도 중명도 이상, 채도는 낮게 사용하는 것을 권장한다. 또 색채 전문가들은 벽면에는 10R~10Y, N, 명도 7~9, 채도 2 이하를 사용하는 것이 좋다고 말한다. 그러나 목재계열의 재료나 도료를 사용하는 경우, 명도 6이하를 사용하는 것이 좋다.

벽처럼 사람들에게 많은 영향을 미치는 건축요소가 또 있을까? 벽은 실내공간에서 면적이 가장 넓고, 시선과도 가깝기 때문에, 실제로 사용되는 벽면의 색채나 소재는 사람의 심리에 많은 영향을 미친다.

학교, 사무실, 공장 등의 작업공간은 단일색상, 유지관리가 편한 도료를 사용하는 것이 일반적이다. 주택이나 호텔 등의 휴식공간에서는 분위기가 중요하다. 색채는 단색이 아니라 소재나 무늬 등을 살린 다양한 재료의 여러 가지 색을 사용하는 것이 좋을 것이다. 명도가 높은 색의 벽은 빛을 반사해서 공간을 밝게 하고, 그 방에 있는 사람의 마음을 가볍게 한다. 밝은 한색은 공간을 넓게, 밝은 난색은 따스함을, 어두운 난색을 차분함을 연출한다.

밝은 색조의 바닥은 공간을 밝게 하여 활동적인 분위기를 만든다. 이에 비해, 빛의 반사가 적은 어두운 색조에는 차분한 분위기가 있다. 명도가 높은 한색의 바닥은 공간을 넓게 보이게 하고, 시원한 느낌을 준다. 명도가 낮으면 중후하고 차분한 분위기를 준다. 난색의 명도가 높은 바닥에는 사람의 기분을 상승시키는 힘이 있고, 명도가 낮은 바닥에는 안정감이 있다. 이처럼 색채는 사람들의 기분을 좌우하기도 하지만, 치료기능까지도 있다.

경관색채의 디자인 컨셉

사람들은 현재에 좀처럼 만족하는 법이 없다. 그렇기 때문에 사람들은 언제나 현재를 개선하고 아름다운 미래를 만들려는 노력을 아끼지 않는다. 그렇다면 아름다운 미래를 만드는데 있어서 중요한 것은 무엇일까? 그건 환경을 바로 보는 우리들의 가치관을 담은 디자인에 대한 생각일 것이다. 디자인에 대한 생각은 디자인의 질을 결정짓기 때문에 중요하다.

디자인에 대한 우리들의 생각에 따라 공간의 분위기도 결정되고 공간의 질도 결정된다. 그렇다면 우리는 디자인에 대한 생각을 어떻게 이끌어 내야 하는 것일까?

디자인에 대한 생각은 어느 한 요인에 의해 결정되지 않는다. 그렇기 때문에 디자인에 대한 생각을 정리하기가 좀처럼 쉽지 않다. 색채 디자인과 관련하여 우리

들은 많은 생각을 한다. 서민적 이미지, 단아한 이미지, 깨끗한 이미지, 활력이 넘치는 이미지, 고즈넉한 이미지 등을 생각할 수 있지 않겠는가. 또 단순하고 현대적인 모더니즘을 떠올리면서 포스트모더니즘의 다양성을 생각해 보기도 한다. 또 친숙함의 편안함과 이국적인 신비로움을 동경한다. 그래서 동경하는 도시 이미지(파리, 로마, 베를린, 암스테르담, 베를린, 뉴욕 등)를 마음 속에 담기도 한다. 이와 같은 색채대한 여러 가지 생각을 우리는 색채 전략에 그대로 담는다.

경관색채의 디자인 컨셉은 아름다운 환경을 만들려는 마음에서 시작되어야 한다. 우리들은 색채를 결정함에 있어 크게 두 가지를 놓고 고민한다. 주변환경과 조화를 이룰 것인가? 아니면 주변환경과 차별화를 둘 것인가? 주변의 환경과 조화를 이루는 경관색채계획은 아름다운 환경을 만들 확률이 높다. 색채의 지리학을 생각하고, 기후를 생각하고, 문화를 반영하려는 생각은 주변환경과 조화를 이루려는 생각이다. 이에 비해 주변과 차별화된 색채는 다른 것보다 돋보이려는 생각에서 비롯된다. 그래서 상업건물이나 기념비적 건물에서 주변과 차별화된 색채가 많이 나타난다.

　　　사람들은 도회지의 생활을 즐기면서도 회색도시가 싫다고 말한다. 회색도시는 산업혁명의 파생물이다. 산업건축사회의 재료로 대표되는 콘크리트는 태어난 속성상 회색의 무채색이다. 대량생산이라는 시대가치가 만든 콘크리트는 회색의 도시를 만든다. 회색도시는 사람들의 마음을 무겁게 한다. 다양한 색을 사용하는 포스트모더니즘은 회색도시에 대한 해결안이 되기도 한다. 이와 같은 포스트모더니즘을 색채 디자인에 사용하기로 결정할 것인가? 따뜻한 계열의 색을 사용할 것인가? 아니면 차가운 계열의 색을 사용할 것인가? 디자인 컨셉은 이러한 질문들에 대한 답을 찾는 과정에서 결정된다.

경관색채의 배색

색채 전략을 결정한 후에는 전략에 걸맞는 색채를 선택하는 일이 남게 된다. 색은 홀로 존재하지 않고 여러 가지 다른 색과 공존한다. 색의 이러한 특성 때문에 여러 개의 색을 조합하는 배색의 문제는 중요하다. 일반적으로 색의 좋고 나쁘다는 이야

유사색 조화, 용평3차 콘도　　　　　　　　고채도의 색

기는 배색을 두고 하는 이야기다. 하나의 색 자체에 좋은 색과 나쁜 색이라는 구별은 없다. 단지 배색이 좋고 나쁨이 있을 뿐이다. 이처럼 여러 가지의 색을 선택함에 있어 아무런 원칙 없이 색을 선택한다면 색의 부조화가 발생하게 된다. 이런 문제를 피하기 위해 우리는 색채 조화의 원리를 생각한다. 우리는 조합된 색이 아름답고 쾌적한 느낌을 주는 상태에 이르렀을 때 색채 조화를 이루었다고 말한다. 그렇다면 우리는 색채 조화의 환경을 어떻게 만들 수 있을까? 유사색 조화, 보색 조화, 단일색 조화, 다색상 조화 등의 색채 조화의 원리를 사용하는 것은 대안의 하나이다. 그러나 이러한 원리를 사용하여서도 색채 전문가가 아닌 사람은 최적의 조화를 이루는 색채를 끌어내기가 쉽지는 않다. 그래서 사람들은 컴퓨터배색 시스템을 사용하기도 한다.

환경색채 계획에서는 일반적으로 주조색, 보조색, 강조색 등으로 나눠 배색을 한다. 주조색은 가장 큰 면적을 차지하거나 출현빈도가 높은 색으로 전체의 색조에 영향을 미친다. 보조색은 주조색 다음으로 많은 면적을 차지한다. 일반적으로 보조색은 주조색과 유사색 조화를 갖는다. 보통 보조색은 주조색 보다 채도가 높다. 강조색은 차지하는 면적은 작지만 배색 중에서 가장 눈에 띄는 포인트 색채로 시선을 집중시키는 효과를 갖는다. 강조색은 고채

주조색, 보조색, 강조색, 북촌마을

다색상 조화, 유트레흐트대학

도의 색으로 건축물 전체에 표정을 갖게 한다. 순색 또는 그에 가까운 색을 사용하지 않으면 강조색의 효과가 낮기 때문에 채도 10이상을 사용해야 할 때도 있다. 강조색은 난간, 창틀, 기둥, 벽(천장)경계면에 사용하면 효율적이다.

일반적으로 저채도, 고명도의 색에서 색의 부조화가 일어날 확률은 상대적으로 낮다. 그러나 색상에 따라 허용되는 명도나 채도가 똑같지 않다. 예를 들어, 2.5YR의 경우, 명도 5~6에서 채도 10까지의 고채도를 사용하는 것이 허용된다. 그러나 YR 색상이 아닌 경우에는 허용되는 채도는 보다 낮아진다. Y 계열에서는 고명도쪽에서 고채도가 허용된다. 그러나 R 계열에서는 중명도에서 고채도가 허용된다. R 계열의 명도가 1이 달라질 때마다 허용되는 채도는 2씩 달라진다. 일반적으로 한색계는 난색계에 비해서 허용되는 채도가 낮다. 한색계의 채도는 6.5이하로 하는 것이 좋다.

이처럼 색을 결정한 다음에는 재료의 구체적인 색을 결정하는 것이 필요하다. 페인트 색은 재료의 색이라기 보다는 착상색이다. 일반적으로 페인트 색은 오래 가지 않는다. 시간의 흐름에 따라 페인트 색은 퇴색되어 원래의 색을 갖지 못하게 된다. 그러나 소재색으로 불리는 재료의 색은 오래 동안 색채의 특성을 유지한다. 페인트로 감춰지지 않은 재료의 질감은 우리들의 생각을 풍요롭게 만든다. 재료의 질감을 담고 있는 색은 우리들의 마음을 부드럽게 또는 딱딱하게 만들기도 한다.

천장 경계면의 강조색   페인트색의 지붕, 영덕

　　색채는 우리의 감성을 자극하기 마련이다. 통일된 색채는 우리들에게 미적 즐거움을 제공한다. 색채를 통한 방향성의 설정은 우리들의 자연스러운 이동을 만든다. 세상도 흘러가고 시간도 흘러가고 사람도 흘러간다. 색채를 따라 흘러가는 사람의 움직임은 안전하고 편안하게 우리들을 목적지로 인도한다. 색채의 선택을 통해 추가의 비용을 들이지 않으면서도 얼마든지 아름다운 환경을 만들 수 있다. 그러나 그동안 우리들은 색채에 대한 생각을 많이 하지 않는다. 아니 색채를 너무 가볍게 생각한다. 아무나 색채를 적절하게 선택할 수 있는 것은 아니다. 그건 색채를 중요하게 생각하고 받아들이는 사람만이 할 수 있을 것이다.

교보생명 계획안, 정림건축

3

공공 디자인으로서의 경관색채

도시의 거리는 간판의 홍수다. 간판은 크기도 저마다 다르고 색채도 각양 각색이다. 도시의 상점을 운영하는 사람들은 더 많은 매출을 올리기 위해 남들보다 더 큰 간판을 원한다. 또 하나의 간판에 만족하지 않고 여러 개의 간판을 달려고 한다. 색상도 인지성을 높이려고 강한 채도의 자극적인 색을 쓴다. 이러한 현상은 우리나라 전국의 도시에 나타나는 동일한 현상이다. 이러한 결과에 따라, 우리의 도시는 통일성이 없고 지역적 특성도 없는 무질서의 혼란스럽고 획일적인 도시로 특징 지워진다. 간판으로 건물을 도배한 건물에서 우리는 진정한 건축문화를 찾아볼 수 없다. 왜 우리의 도시가 이렇게 만들어 질 수밖에 없었던 걸까?

그건 관련당국이 간판을 사용하는 사람들에게 너무나 많은 자유를 제공하였기 때문이다. 간판을 다는 사람의 입장에서 보면, 조금이라도 가게를 더 돋보이게 하고 싶을 거다. 그래서 내 가게니까 내 맘대로 가게의 간판을 다는 거다. 왜냐하면 우리나라는 자유민주주의 국가니까! 예를 들어, 스타벅스도, T 월드도 마케팅의 논리에 의하여 자유롭게 간판을 단다. 그러나 이처럼 자유롭게 단 간판이 도시의 경

도쿄의 간판

스타벅스   T, 월드

관을 얼마나 해치는가는 이들의 안중에는 없는 듯하다. 그들이 단 입간판이 보행인의 안전을 위협할 수 있다는 것도 이들은 거의 생각하지 않는다. 상업주의 하에서 간판은 주변의 조화를 생각하지 않는다. 사람들은 오로지 사업적 성공에 초점을 맞춰 간판을 만든다. 이처럼 상업주의의 논리에 의해 지역적 특성이 없는 도시가 획일적으로 비슷하게 만들어 지는 것을 보면, 마음이 아프다. 그렇다고 이대로 가만히 앉아 있을 수는 없지 않은가?

아름다운 도시를 만드는 공공디자인

과연 개인의 소유니까 자기 마음대로 간판을 단다는 생각이 맞기는 맞는걸까? 필자는 이런 생각이 옳다고 생각하지 않는다. 왜냐하면 간판은 개인의 소유이면서도 공공의 소유이기 때문이다. 간판은 많은 사람들이 보는 물건이다. 그래서 사람들에게 많은 영향을 미친다. 그렇기 때문에 간판은 공공 디자인의 범주에 속한다. 요즘 살기 좋은 도시를 만들려는 분위기에 힘입어 공공디자인이 많은 관심을 받고 있다. 공공디자인은 교량, 도로 표지판, 쓰레기 통, 벤치, 파출소, 버스, 지하철, 맨홀, 화분, 의

상, 간판, 건물 파사드, 예술 작품, 도로 경계석, 공중전화박스, 노점 판매시설 등 우리가 집밖으로 나와 다른 사람들과 공유하는 모든 것들을 포함한다. 최근 이러한 공공디자인을 개선하여 삶의 질을 향상하려는 운동이 일어나고 있다. 그러나 아무리 이러한 운동이 일어난다고 해도, 단시간에 살기 좋은 도시를 만들 수는 없지 않겠는가? 많은 사람들이 아름다운 도시 만들기 위해 간판의 정비가 가장 실효성이 높을

것이라고 생각한다. 그래서 지자체에서 규제를 통해 간판을 정비하려고 한다. 그러나 사람들은 규제를 싫어한다. 그래서 간판의 정비가 쉽지만은 않다. 간판의 정비는 시민들의 자발적인 참여를 유도할 수 있을 때 성공이 가능하다. 예를 들어, 세제 혜택이나 포상 제도는 시민들의 자발적인 참여를 유도할 수 있는 정책이다. 그러나 이런 방법도 지자체의 예산이 소요되는 만큼 그렇게 간단한 일만은 아니다. 그렇다면 살기 좋은 도시의 건설을 만들기 위해 또 다른 방법은 없을까?

그건 지자체가 추진하고 실행하는 공공 디자인을 우선적으로 개선시키는 것이다. 각종 규제를 만들어 시민들에게만 의존할 일은 아니다. 오히려 지지체가 솔선수범하여 자체 수행하는 사업에서 공공 디자인의 질을 향상시키려는 노력이 선행되어야 한다. 그럼으로써 시민들을 교육하고, 공공 디자인의 필요성과 중요성을 인식시키는 효과를 기대하는 것이 좋을 것 같다. 모 일간지에 기사에 의하면 OECD 도시분류에서 서울은 월드 스타, 내셔널 스타, 전환기의 도시 중 최하위권인 전환기의 도시에 속한다고 한다. 런던, 뉴욕, 파리, 도쿄, 보스턴, 밀라노, 뮌헨 등은 월드스타에 포함된 도시들이다. 우리나라의 도시들이 월드 스타에 포함되는 도시의 경쟁력을 갖기 위해서 여러 가지 일을 할 수 있다. 공공건물의 색채 디자인은 시민의 자발적인 도움 없이도 추진할 수 있으며, 그 파급효과도 매우 클 것이다. 도시경쟁력을 높이기위해 공공건물의 색채디자인부터 개선해 보는 것이 어떨까?

공공성을 고려한 경관색채

거리를 걷다보면 우리는 의식적으로든 아니면 무의식적으로든 통행을 불편하게 만드는 요소를 도처에서 만난다. 우리는 통행을 방해하며 도로 위에 서 있는 전봇대, 소화전, 환풍구, 배전함 등을 길에서 쉽게 만난다. 이 들은 통행에만 불편한 것이 아니다. 우리의 보행안전을 위협하기도 하고, 도시의 경관을 해치기도 한다. 그렇다면 왜 이런 것들이 길 위에 버젓이 서 있는 걸까? 아마 그것은 보행인을 배려하는 공공

통행을 방해하는 전봇대   소화전   환풍구

배전함

전봇대, 도쿄

도쿄의도시경관

성을 중요하게 생각하지 않았기 때문이 아닐까? 앞에서도 말한바 있지만 집 떠나서 만나는 것들은 공공성의 특성을 지닌다. 그렇기 때문에 우리는 그것들을 다른 사람들과 공유한다. 이처럼 다른 사람들과 공유하는 공공성은 사적인 것에 우선해야 한다는 것이 일반적으로 받아들여지는 견해이다. 그러나 이러한 견해에도 불구하고 실제로는 사적 결정이 우선하는 경우를 많이 본다.

공공건물이든 아니면 개인소유의 건물이든 이들 외관의 경관색채는 공공성을 띠기 마련이다. 고채도의 색은 시선을 강하게 자극하여 사람들을 쉽게 피곤하게 만들뿐 만아니라 경관을 해치는 경향이 있다. 경관 규제는 주변환경과 조화를 꾀한다는 장점과 함께 디자이너의 상상력을 제한하는 단점도 갖는다. 그럼에도 불구하고 경관색채 전문가들은 고명도, 저채도의 재료를 사용할 것을 제안한다. 일본의 경우, R, YR 계열은 채도 6까지, Y 계는 채도 4까지, 그 외 색상은 채도 2까지로 채도의 상한선의 조례를 정해 놓은 자치단체까지 있다. 여기에서 채도 6을 상한선의 기준으로 삼는 이유는 수목의 색을 살리기 위해서였다고 한다. 이처럼 재료의 색채를 결정하는 것은 경관색채계획에서 중요한 위치를 차지한다.

주변환경과 조화를 꾀하는 재료의 색

건축의 마감 재료는 직접 인간이 보고 만질 수 있기 때문에 건물의 완성도에 많은 영향을 준다. 근대건축의 주요재료인 콘크리트, 유리, 철재가 주는 차가운 느낌을 차치하더라도 어느 장소를 가나 유사한 이미지의 건물을 보게 된다는 것은 그렇게 좋은 일은 아니다. 콘크리트의 차가운 느낌을 경감시키기 위해, 건물을 페인트로 칠하는 것도 이런 약점을 크게 보완시키지는 않는다. 대학시절 재료의 색을 그대로 보여주는 건축이야말로 정직한 건축이라는 말에 크게 매력을 느낀 적이 있었다. 그렇다. 무엇을 숨기지 않고, 솔직하게 있는 그대로 보여준다는 것은 지금 생각해도 멋있는 말이다. 이런 생각은 경관색채에서도 예외가 아닌 것 같다. 재료를 있는 그대로 보여주

재료의색, 도쿄

는 것은 좋은 경관색채의 출발점이기도 하다. 우리가 재료의 색을 그대로 드러낸 우리나라 전통마을이 아름답게 느껴지는 걸 보면, 재료의 색을 드러내는 색채계획은 솔직하고 자연스러운 색채계획법이다.

일반적으로 재료의 색을 그대로 보여주는 건물은 지역적인 특성을 내포한다. 왜냐하면 그 지역에서 생산되는 재료를 그대로 사용하였기 때문이다. 세계화가 가속화되면 될수록 이에 대한 반작용으로 지역화에 대한 욕구는 그만큼 더 강해진다. 세계의 다른 도시와 비슷한 모습을 가질 때, 그 도시는 정체성을 갖지 않는다. 이런 도시에서는 새로운 신비로움을 느낄 수 없다. 모든 사람이 다 다르듯이, 또 모든 사람이 우주에 유일하게 존재하는 생명체 인 것처럼, 사람들은 도시와 건축에서도 각각 다른 도시, 다른 건축을 원한다. 왜냐하면 그런 곳에는 다양성의 생동감이 우리를 즐겁게 하기 때문이다.

건물의 다양성을 구현하기 위해 건축 재료를 선택할 때, 명도와 채도가 다른 동일색상의 재료를 사용하는 것보다는 여러 가지 다른 색을 사용하는 것이 효과적일 때가 많다. 그러나 여러 가지 색을 사용하다 보면 색채의 조화를 이루기가 어렵다. 이런 경우 불가피하게 여러 가지 색을 사용해야 한다면, 비슷한 톤의 재료를 사용하여 건물의 통일성을 이루는 것이 좋다. 층을 구분하거나 벽면이나 발코니의 일부를 다른 재료 또는 다른 색상을 사용하면 건물의 단조로움을 피할 수 있다.

좋은 경관색채를 만든다는 것은 지역적 특성을 적절하게 반영한 색채를 사용한다는 것을 의미한다. 그러나 우리나라의 경우, 국제주의 양식을 차용하다 보니 지역적 특성을 두드러지게 나타내는 도시를 제대로 만들지 못하고 있다.

다른 곳에서는 찾아 볼 수 없는 정체성이 있는 도시와 건축물을 세우는데 있어서 재료의 특성을 고려한 색채계획은 중요한 역할을 한다. 물론 이처럼 재료를 선택함에 있어서 배색조화의 원리 또한 중요하다.

심리적 만족을 충족시키는 색채배색

고령자는 동공이 젊은 시절의 반 밖에
열리지 않아 어두운 곳에서 잘 보지
못하는 경향이 있고 실제보다 어둡게
본다. 또 파란색을 잘 투과시키지 못
하는 경향이 있으며 조명의 변화에도
신속하게 반응하지 못한다. 고령자는
사물을 뿌옇고 흐릿하게 본다. 이와
같은 시각적인 장애 뿐만아니라 고령
자는 심리적인 우울증을 겪기도 한다.

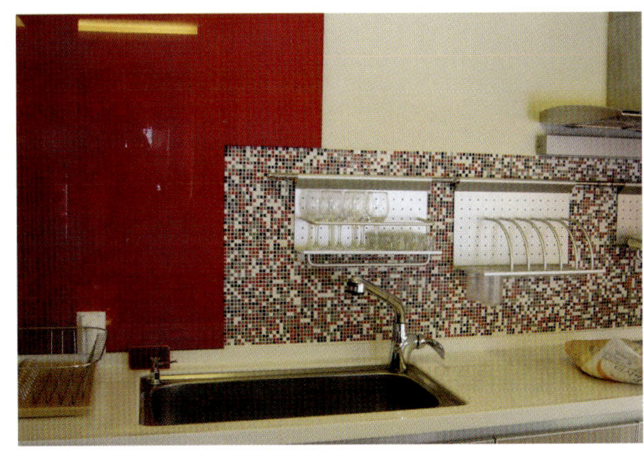

펜션, 부엌공간

난색계의 색채사용은 노인의 마음을 따뜻하게 만드는 색채치료의 효과를 갖는다. 이
처럼 사용자의 심리를 고려한 색채계획은 사람의 행복하게 만드는 매력이 있다. 그
렇다면 사람을 만족시키는 색채계획의 원리는 존재하지 않는걸까? 아니다 색채계획
의 원리는 존재한다. 그게 바로 배색의 원리이다.

　　　색채는 단독으로 존재하지 않고, 언제나 다른 색채와 함께 존재한다. 배색은
색의 배합이다. 일반적으로 색의 좋고 나쁨이라는 디자인의 느낌은 배색에 의한 것
이 많고 색 자체에 좋은 색과 나쁜 색이라는 구별은 없다. 색채조화는 조합된 색이
아름답고 쾌적한 느낌을 갖춘 상태라고 일반적으로 이해되고 있다. 배색이라는 행위
는 목적에 맞게 색을 조합하여 미적으로 연출하는 기술이다. 요하네스 이텐, 파버 비
렌, 문 스펜서 등과 같은 세계의 색채 석학들은 저마다 다른 시각에서 여러 가지 배
색 이론을 제기한다. 이처럼 여러 가지 이론 중에서 색채의 심리효과를 고려한 배색
원리는 환경색채에서 중요한 위치를 차지한다. 색채의 심리적 효과에는 대비, 동화,
유목성, 시인성, 중량감각, 온도감각, 크기감각, 거리감각, 면적효과 등의 여러 가지
가 있다. 공간적으로 근접해 있는 색의 차이가 클 때, 우리는 이때 색이 대비되었다

중량감, 도쿄, 마쿠하리

거리감각, 아람누리, 일산

고 말한다. 건축에서 색의 대비는 어떤 특정요소를 강조하고 싶을 때 많이 사용하는 원리이다. 동화는 인접한 색의 영향을 받아 인접한 색상과 비슷하게 보이는 현상이다. 사람의 시선을 끄는 성질을 유목성이라고 한다. 일반적으로 무채색보다는 유채색, 저채도 색보다는 고채도색이 유목성이 높다. 검은색 배경에 노랑색처럼 사람의 눈에 쉽게 인지되는 성질을 시인성이라고 한다. 색채의 차이에 따라 물건이 실제보다 무겁게 느껴지거나 가볍게 느껴지는 현상을 중량감이라고 하며, 따뜻하고 차가운 느낌을 받는 것이 색의 온도감이다. 건물에 따뜻한 색을 더 많이 쓰는 경향을 보이는 것은 색의 온도감 때문일 것이다. 색에는 사물을 크게 보이게도 하며(팽창색), 작게 보이게도(수축색) 하는 성질인 색의 크기 감각적 특성이 있다. 색의 거리감각은 실제 위치보다 가깝게 보이는 진출색과 멀게 보이는 후퇴색에 의해 생기는 현상이다. 색 면적의 크기에 따라 느낌이 변하는 현상을 면적효과라고 한다. 색은 면적이 넓어지면 보다 맑고 선명하게 보이며 채도가 높을수록 면적효과는 크다. 이와 같은 색채 심리는 경관색채를 계획할 때, 기본적으로 고려해야 하는 것들이다. 주변환경을 조화를 이루는 건물에서는, 아니면 주변환경과 대비되는 건물에서 색채심리를 고려한 배색의 원리를 적용하는 것이 중요하다.

아름다운 도시의 색

오늘날 상당수의 사람들이 도시에 살고 있다. 도시에 사는 인구는 앞으로 더욱 증가할 것이다. 이에 따라 도시 환경의 중요성은 더욱 커질 것이다. 도시환경은 인간이 만든 여러 가지 인공 환경으로 구성된다. 이 때문에 자연과는 달리, 자칫 잘못하면 도시환경은 메마르고 건조한 느낌을 주기가 쉽다. 그렇지만 사람들은 도시가 주는 편의성 때문에 도시를 떠나지 못한다. 여기에 우리들이 도시를 아름답게 디자인해야 하는 이유가 있다.

소방서, 파출소, 예술문화시설 등은 공공성이 강한 건물이다. 그동안 우리는 공

아람누리, 일산

공건물을 지어 오면서 권위적이고 관료적인 건물만을 생각했지, 경관색채를 중요하게 생각했던 적이 거의 없었던거 같다. 이제부터라도 아무 생각 없이 난잡한 고채도, 표정 없는 무채색 건물보다는 따뜻하고 차분한 이미지의 건물을 짓도록 노력하자. 또 식별성이 높고 다양성이 있지만 그러면서도 주변환경과 조화를 이루는 건물을 만들어 보자. 지금처럼 눈에 잘 띄지 않고 단조롭고 볼품없는 파출소 아니라, 누가 봐도 즐겁고 산뜻한 시민에 봉사하려는 이미지가 물씬 넘쳐흐르는 파출소를 시민들을 원하고 있을 것이다. 대한민국 사용후기를 펴낸 스콧 버거슨이 말한 것처럼 "콘크리트와 유리와 쇠붙이로 떡칠이 된, 차갑고 추한 쓰레기장으로 변모하는 현실"을 직시하여야 한다. 공공영역에 대해서는 아무 개념도 없고 배려도 없이, 도시미관은 어떻게 되든 흉측한 건물을 마구잡이로 지어 올려서는 안 될 것이다. 경관색채는 남을 배려하는 따뜻한 마음이 있는 공공 디자인을 만드는 시작이다.

파출소　　　　　　　　　　　　　　　　라빌레트, 파리

경관 색채디자인의 전략

역사속의 건축색채

아름다운 건물이든 추한 건물이든 색채는 재료와 분리되지 않는다. 간혹 우리는 재료의 색채를 페인트라고 혼동한다. 역사적으로 공공건물에서는 재료의 자연색을 보완하기 위해 페인트를 칠하거나 금, 동, 모자이크 등과 같은 재료를 씌웠다. 이러한 경우는 대개 통행로를 강조하거나 멀리서도 건물을 식별할 수 있게 다른 건물과 차별을 두려는 목적 때문이었다. 먼 옛날 메소포타미아 도시의 수메리언인들은 벽돌색과 차별을 두기 위해 유리로 덮힌 문자를 사용하거나 파랑, 녹색, 터키색 등과 같은 다양한 색으로 된 조각상을 만들었다. 결과적으로는 랜드마크적인 사원이나 왕궁을 만들었다. 이집트에서는 검은색을 비롯한 다양한 색의 화강암과 돌로 화려한 색채의 건축물을 세웠다. 그리스와 로마인들은 금박의 청동, 모자이크, 다색상 등의 대리석을 사용하였다. 우리가 보는 파르테논 신전은 화려한 색상의 신전이었다. 그리스인들은 신전을 다른 건물과 구분하기 위해 빨강, 황토색, 테라코타, 금색으로 채웠다. 중세시대의 이슬람 문화의 모스크는 청색, 터키색, 금색 등의 색으로 되어 있다. 중세의 고딕 성당 내부에는 다양한 색이 사용되었다. 르네상스 시대에서도 다양한 색상의 돌들을 섞어 건축물을 세웠다. 많은 색채를 사용한 것은 바로크 시대에서도 마찬가지였다 그

콘크리트의 근대건축

러나 유리, 알루미늄, 철강, 플라스틱, 콘크리트 등을 사용하는 근대건축에서는 색채를 풍부하게 사용하지 않는 경향을 보인다. 이러한 경향은 도시를 균질화 시킴은 물론 도시 아이덴티티를 소멸 내지는 약화시키는 결과를 초래한다. 그렇다면 도시 아이덴티티는 어떻게 강화시킬 수 있나? 색채는 도시의 지역적 아이덴티티를 부활시키고 도시에 생동감을 불러 일으킬 것이다.

색채 아이덴티티

새로운 말이 아니지만 "색채는 아이덴티티"라는 말은 유럽의 도시에 잘 들어맞는 것 같다. 유럽의 자연경관, 건축적 유물, 인공 건조물은 퍽이나 매력적이다. 주거건축이 랜드마크성에 큰 비중을 두지 않는다고해서 언제나 주거건축의 랜드마크성이 중요하지 않다는 것을 의미하지는 않는다. 간혹 필요에 따라서는 랜드마크적인 주거건축도 필요하다. 로테르담의 큐브 하우스는 그 건물에 사는 거주자들에게 다른 사람과 차별화되는 나만의 주거를 제공하였다는 점이 큰 장점이다. 역사적 건물에 살고 있는 사람들은 현대적인 환경 속에서 살고 싶어 한다. 그러나 많은 유럽의 나라들의 정부당국은 경관색채의 중요성을 잘 알고 있다. 특히 도시의 문화적 산물인 지역색의 중요성을 잘 안다. 정부당국은 이러한 인식에 따라 경관법을 도입했다. 경관법에서는 새로운 건물에 적용할 색채의 범위를 다룬다. 이러한 시각 하에 우리나라에서도 경관법을 제정하려는 움직임을 보이고 있다.

그러나 경관법을 제정하는 것

Cube House, 로테르담

이 만능은 아니다. 법적 규제가 건축가의 창의성이나 건물의 질을 저하시킬 수도 있기 때문이다. 그러나 건물 디자인을 시작할 때 건축가가 으레 하는 대지조건, 기후, 관습 등을 분석하는 것처럼, 그 지역을 주도하고 있는 색이 무엇인지를 아는 것은 중요하다. 왜냐하면 지역색의 특성을 알아야 그 지역에 맞는 건물의 색을 결정할 수 있기 때문이다. 국내에서 건축가가 설계를 할 때, 대부분 이러한 과정을 생략하거나 소홀히 한다. 아니면 건물을 이용하는 사람들의 심리적 특성을 반영하지 않고 건축가의 취향에 따라 건물의 색채를 정하기도 한다.

색채는 집단적으로 지각되는 문화적 요소로서 강한 미적 특징을 갖는다. 우리가 오늘날 지각하는 색채는 여러 세대를 거쳐 사용되어온 결과가 만든 것이다. 그렇기 때문에 고유의 색채특성과 재료를 갖는 지역이 존재하게 된다. 이것은 여러 세대를 거쳐 반복적으로 사용되고 있는 우리의 초가집으로 구성된 전통마을이 이러한 지역의 대표적인 예다.

이처럼 문화나 인습에 따라 색이 결정되기도 하지만 건축가가 색채를 결정하기도 한다. 한번 결정된 건축 볼륨이나 형태는 수정하기가 매우 어렵다. 그러나 건물의 외관은 수정이 가능하다. 그렇기 때문에 건물의 외관을 수정할 때, 색채를 형태나 볼륨에 연계시켜 생각하는 것도 가능하다. 색채를 통해 건축가는 사물의 멀고, 가까

갤러리아 백화점　　　　　　　　　　　　　암스테르담의 집합주택

움을 조절할 수도 있을 것이며, 그가 디자인한 건물의 형태나 요소를 강조하거나 보완할 수도 있다.

어떤 특정도시의 사람들이 공통적으로 받아들여지고 있는 도시의 색채 아이덴티티는 타일 색이나 지붕 색 등에서 나타난다. 붉은 색으로 통일된 거대한 지붕의 바다를 만든 피렌체의 도시 색채 이미지는 많은 사람들에 의해 회자되는 성공적인 도시색채 사례이다.

도시색채의 아이덴티티는 컬러 코드로 나타난다. 흔히들 우리는 이런 컬러 코드는 크게 둘로 나눠 생각한다. 예를 들어, 교회, 사무소, 박물관, 성, 왕궁 등과 같은 랜드마크적인 건물의 컬러코드를 생각하고, 주거건축물의 컬러코드를 생각한다 공공건물은 지역에서 나는 건축재료를 사용하였을 때, 랜드마크적인 건물이 될 가능성이 높다. 역사적인 도시에는 다른 도시와는 차별화되는 색채가 있다. 그러나 현대 건축물은 알루미늄, 유리, 철재 등과 같은 인터내셔널 색채를 사용한다. 부드러운 색채를 통일되게 사용하는 주거건축은 일반적으로 랜드마크적 건물의 배경의 역할을 하는 것이 좋다. 그러나 국내에서 공동주택을 설계하면서 랜드마크성을 강조하는 것이 종종 발생한다. 아이러니가 아닐 수 없다. 주거건축은 그 안에서 일어나는 삶이 중요하지 기념비적인 랜드마크성은 그다지 중요하지 않기 때문이다.

페라리의 색채 아이덴티티   배경으로서의 주거건축, 도쿄, 마쿠하리

색채는 상업적 아이덴티티를 표방하기도 한다. 이러한 것은 쇼핑센터나 주유소, 레스토랑, 은행, 테마 파크 등과 서비스 건물에 잘 나타난다. 그러나 이와 같은 상업적 색채 아이덴티티는 거리의 경관을 해치는 수가 많다. 색채가 랜드마크적 아이덴티티나 상업적 아이덴티티만을 갖는 것은 아니다. 색채에는 개인적 아이덴티티가 있다. 주거의 색채는 사람들이 색채를 창의적으로 사용할 수 있는 기회를 열어 놓는다.

주거건축에서 블라인드나 어닝, 식물, 꽃은 거주자의 아이덴티티를 표현할 수 있는 수단을 제공한다. 색채는 시간이 지남에 따라 중요하게 된다. 건물이 오래되어 재료나 채색을 바꾸어야 할 때, 그 도시의 집단 미감이나 개인적 취향에 따라 건물을 수리하게 된다. 이 때 건물의 소유주는 다른 이웃과 차별화하려는 경향을 보인다. 색채의 목적은 다른 인접건물과 영역의 구분을 짓는 역할을 한다. 이때 실내의 색과 동일한 색을 차용하여 건물외관 색을 결정기도 한다. 목재, 석재, 지붕 타일 등과 같은 건축재료는 도시에 통일성을 주는 역할과 다른 도시와 차별화할 수 있는 수단을 제공한다. 일반적으로 부유한 사람들은 파스텔 톤의 다양한 색을 사용하는 경향이 있다. 그러나 가난한 사람들은 주택 파사드의 미관을 꾸미기 위해 부유층의 사람들보다 강한 대비의 색을 사용하려는 경향을 보인다.

현대의 도시 어느 곳을 가던지 비슷한 색채가 사용된 것을 우리는 잘 안다. 이러한 문제를 해소하고 도시에 활력소를 붙어 넣기 위해 수퍼그래픽을 사용하기도 한다. 수퍼그래픽은 빈 공간이나 벽을 생동감 있게 만들려는 예술가들에 의해 만들어진다. 그러나 이처럼 만들어 지는 수퍼그래픽은 건축가의 원래의 의도를 손상시키기도 한다. 도시 경관디자인의 관점에서 보았을 때, 형태를 보정하려는 장식과 같은 수퍼그래픽을 바람직한 것이 못된다. 왜냐하면 솔직하지 않기 때문이다. 또 금방 싫증을 유발하기 때문이다. 그렇다면 좋은 색채계획이란 어떤 것인가?

색채심리를 이용한 색채계획

좋은 색채계획이란 어떻게 보면 기본에 충실한 색채계획이다. 좋은 색채계획은 색채의 심리효과를 기본적으로 반영한다. 색채의 심리효과는 색채의 온도감, 중량감, 크기지각, 진후퇴색, 동화현상, 면적효과, 색의 유목성, 시인성 등으로 나타난다. 색채의 온도감은 색채에서 우리가 느끼는 따뜻한 느낌과 차가운 느낌에 대한 현상이다. 일반적으로 적색계열의 색에는 따뜻한 느낌을 띠며, 청색계열의 색은 차가운 느낌을 준다. 색상은 색채의 온도감에 많은 영향을 준다.

명도가 높은 색에서 가벼움을 느끼고, 낮은 색에서 무거움을 느끼는 것이 색채의 중량감이다. 명도뿐만 아니라 색상에서도 색채의 중량감은 나타난다. 예를 들어, 사람들은 노랑이나 연두 보다 청색이나 적색을 더 무겁게 느낀다. 명도는 크기의 판단에 큰 영향을 미친다. 일반적으로 같은 크기라도 밝은색으로 채색된 것이 더 크게 보인다. 또 채도가 높을수록 팽창효과가 더 크게 보인다. 실제보다 가까이 있는 것으로 보이는 진출색은 채도가 높고 명도가 높은 색이다. 흰색의 배경 위에 파랑색의 동심원을 여러 개 그렸을 때, 동심원과 동심원 사이의 공백은 푸르스름하게 보인다. 이

빌라사보아　　　　　　　　　　　　　　　　힐스테이트 갤러리, 현대건설

러한 현상을 우리는 동화현상이라고 부른다.

색의 면적효과는 면적의 대소에 따라 색이 보이는 현상이 달라지는 효과를 말한다. 큰 면적의 색은 작은 면적의 색보다 밝게 보인다. 색의 유목성은 색이 사람의 주의를 끄는 정도를 나타낸다. 일반적으로 유목성은 적색, 주황색, 황색 등의 난색계가 높고, 녹색, 청색, 자색 등의 한색계는 낮다. 옥외의 표지나 광고물 등을 멀리서 바라보았을 때, 잘 보이는 색과 그렇지 않은 색이 있다. 이러한 현상을 색의 시인성이라고 부른다. 이상과 같은 심리효과를 반영한 색채계획이 좋은 계획이다.

색채 감성을 이용한 경관색채

우리나라 도시의 문제는 도시마다 특색이 없이 전부 비슷한 특징을 갖고 있다는 점이다. 이러한 문제를 해결하는 방법 중의 하나는 지역성을 고려한 도시 아이덴티티를 살리는 것이다. 색채 감성은 도시의 아이덴티티를 구현하는데 있어서 중요한 역할을 할 수 있다. 색채는 색채 고유의 독특한 색채감성을 갖는다. 유럽의 예에서 보듯 색채 감성은 지역성을 표현하는데 훌륭한 수단을 제공한다.

지역성의 원칙은 도시를 독자적이고 고유한 경관으로 만든다. 도시 경관은 지역의 고유성을 갖고 있어야 한다. 기존의 현대 도시에 아이덴티티를 부여하려면 어떻게 하여야 하나? 옛날처럼 관련당국이 절대 권력을 갖고 있나며, 낡은 도시를 부수고, 다시 만들면 문제는 간단하다. 그러나 시민의 자유가 존중되는 현대사회에서는 이러한 것은 불가능하다. 다시 말해, 복잡하고 거대한 현대 도시를 하나의 목표와 비전으로 지배하는 것은 불가능하다. 그 대신 이미 존재하는 도시 구조 속에서 점진적으로 도시경관을 개선하려는 발상이 필요하다.

또 오래되었다고 건물을 무조건 부수지 않는 역사적 건물을 존중하려는 생각이 중요하다. 물론 과거를 동결하는 모든 것을 역사 존중이라고 생각하는 것은 잘못이다. 그러나 현대 도시가 단순히 과거의 것을 없애려는 생각은 옳지 않다. 과거와

고채도의 상가 건물   주변환경과 대비를 이루는 논현동 오피스텔

역사는 지역성의 특징을 내재하고 있다. 아름다운 경관 디자인은 하루 아침에 만들어지는 것이 아니다. 도시의 아이덴티티가 있는 지역성은 과거의 역사 속에 존재하는 색채 감성을 충분히 이해하고 이와 조화를 이루는 새로운 건물을 점진적으로 만들어 나갈 때 얻을 수 있다.

주변환경을 전혀 고려하지 않고 홀로 돋보이려는 발상으로는 경관 디자인을 개선할 수가 없다. 그러나 이와 같은 작업을 단순히 경관법에 의한 규제를 통해 실효를 거두려고 한다면 그것도 큰 오산이다. 왜냐하면 규제를 좋아하는 사람은 한명도 없을 것이기 때문이다. 새로운 공공건물마다 경관의 아름다움을 고려한 건물을 세우고, 이를 통해 시민들을 교육함으로써 아름다운 경관 만들기에 시민들을 자발적으로 참여시키는 것이 이상적이다. 아름다운 도시 경관은 색을 통일시켜, 주변과 조화를 이루는 도시의 아이덴티티를 구현하는 것에서부터 시작하여야 할 것이다. 아름다운 색채 경관 디자인은 명확하고 단순한 색채 아이덴티티에 의해 얻어질 수 있다.

5

도시색채의 미래

세계 각국마다 각기 다른 토양과 문화를 지니고 있다. 그 지역에 세워지는 건축물은 저마다의 색채 특성을 갖는다. 지역적 특성을 적절하게 반영하여 색채를 사용하는 것은 고유의 문화를 나타내는데 있어서 매우 중요하다. 예를 들어, 네덜란드의 로테르담에는 오렌지색이 그 지역의 색을 주도하고 있다. 오렌지색은 네덜란드를 대표하는 상징색이다. 이탈리아의 밀라노 멀펜사 공항은 초록색으로 통일된 인상 깊은 공항이다. 공항에 있는 필름 상점조차 초록색을 주조색으로 하는 후지 칼라만이 입점해 있다. 물론 초록색은 이탈리아를 상징하는 색이다. 누구나 지중해의 도시를 떠올리면, 하얀색으로 통일되어 있는 집을 연상하게 되고, 이탈리아의 피렌체에서는 붉은 색의 거대한 바다와 같은 수 많은 건물의 지붕을 떠올린다. 이와 같이, 사람들의 기억에 오랫동안 지배하는 강한 이미지를 안겨주는 도시들은 한결같이 절제된 색채를 사용하고, 몇 개의 색만을 이용해 도시 이미지를 부각시킨다.

프랑크 게리가 설계한 스페인의 빌바오에 있는 구겐하임 미술관은 세계적인 건축물이다. 재미있는 것은 빌바오 구겐하임 미술관이 건립되기 전, 아무 특색 없는 작은 도시에 불과했던 빌바오시가 미술관을 통해 세계적인 도시로 발돋움했다는 것이다. 도시 마케팅이 얼마나 중요한 지 나아가 도시 마케팅에 있어 건축물과 색채를 활용하는 것이 얼마나 중요한 지를 알게하는 대목이다.

이에 반해 우리들은 서울을 비롯한 각 도시가 도시의 특성이 없고, 어느 도시나 유사한 이미지를 갖고 있다는 점을 큰 문제점으로 꼽는다. 통일성이라고는 거의 찾기가 어려울 정도로 무분별하게 색채를 사용하고 있다고 많은 사람들이 지적한다. 물론 건물은 한 개인의 재산이다. 그러나 동시에 건물의 외관은 사유 재산이면서도 다른 사람들에게 보여주는 공공성을 띤다. 그렇기 때문에 건물의 외관은 정부의 규제를 받아야 한다. 건물의 외관에 규제를 적용하는 사례는 선진국에는 얼마든지 찾아볼 수 있다. 로마의 경우, 건물의 주인이라고 힐지라도 외관에 거의 손을 대지 못한다고 한다. 겉으로 보기에는 오래되고 낡아 내부에 살고 있는 사람들이 불편해 보이지만, 내부는 현대적인 시설로 리모델링 되어 편리한 생활을 할 수 있다. 내부는 현대적으로 꾸미되, 건물의 외관만큼은 이탈리아 정부의 엄격한 규제를 받는다. 역사적 건축물을 보존하기 위한 이러한 노력은 프랑스와 네덜란드 역시 예외가 아니다. 네덜란드는 건물마다 간판이 무분별하게 걸리는 것을 막기 위해 간판에 대한 세금을 엄청나게 높게 부과한다. 그래서 아예 네덜란드 사람들은 세금이 무서워서 간판을 다는 것을 포기한다.

그러나 우리 나라의 경우, 건물에 대한 규제를 강하게 하지 못하고 있다. 건축주가 건물에 대한 의식도 희박한 것도 결과적으로 아무런 특성이 없는 도시 환경을 만드는데 일조한다. 물론 누구든지 다른 사람과 비교해 돋보이고 싶을 거다. 그러나 우리의 경우, 많은 사람들이 다른 건물과 차별화를 위해 자기 나름대로 건물 외관을 꾸미고, 색채를 사용한다. 그러나 결과적으로 아무도 돋보이는 건물을 만들지는 못한다. 나아가 거리를 지나는 도시민을 혼란스럽게 만들기 조차 한다. 비록 눈으로 보기에는 손해를 보는 것 같지만, 서로 조금씩 양보한다면 결과적으로 더 많은 것을 얻을 수 있다는 단순한 지혜를 우리는 망각하고 있다.

결론적으로, 지역적 특성이 있는 도시는 형태와 더불어 색채를 적절히 사용하였을 때 만들어진다. 그 도시에 생기가 넘치느냐 혹은 그렇지 않느냐는 형태보다 색채에 크게 좌우된다. 따라서 우리의 도시 환경을 개선하기 위해서는 우리의 현주소를 명확하게 알고, 동시에 선진국의 도시 특성을 살펴보는 것이 큰 도움이 될 것이다. 그러나 그 지역의 색을 대표하는 색을 추출하는 것은 쉬운 일이 아니다. 지역의 전통 건물, 사람들이 많이 모이는 장소, 가로 환경시설물, 사람들의 의상 등을 살펴보는 일에는 쏠쏠한 즐거움이 있다.

한국의 색

아마도 대부분의 사람들은 한국의 환경색채를 그다지 만족하지 않는 듯 싶다. 우리는 한국이라는 장소적 특성을 반영하는 건물이나 가로 환경이 많지 않음에서 그 이유를 찾는다.

일반적으로 한국의 색채의 문제점으로 너무나 다양한 색을 많이 사용하고 있음을 꼽는다. 특히, 환경색채를 망친 주범을 간판으로 지적하면서 자신만을 생각하는 상업주의적이며 근시안적인 발상을 비판한다.

우리의 많은 환경을 차지하는 간판은 상업적인 측면에서 볼 때 반드시 필요하다. 그러나 모든 이해 당사자가 간판을 과다하게 설치해, 단 하나의 간판도 뚜렷하게 드러나지 못하는 결과를 낳는다면 이 또한 어리석은 일이다. 그러나 이러한 잘못을 전적으로 일반 상인에게만 돌리기보다는 그 동한 환경색채를 위한 이렇다 할 가이드라인이 없었다는 점도 생각해 보아야 한다. 아울러 한국이라는 이미지를 만들기 위한 정부 차원의 정책적 노력도 적극적으로 이루어지지 않았음을 생각해야 한다. 물론 이렇게 말한다고 하여 한국의 색채가 문제점만 있다고 말하는 것은 아니다. 좋은 장소도 있고 그렇지 않은 곳도 있다. 이런 점에서 한국의 환경 색채의 특성을 살펴보는 것은 여러 가지 면에서 의미를 찾는다.

한국의 도심색채는 간판으로 회려한 색채를 주지만 간판을 제외한 환경색채는 무채색을 주조로 하는 환경색채가 대부분이다. 그리하여 거리를 지나는 사람들의 마음을 무겁고 삭막하게 만들 때가 많다.

도시는 그 곳에 사는 시민들이 쾌적하면서도 동적인 경험을 체험할 수 있는 재미있는 공간이어야 한다. 따라서 도심에 세워지는 건물은 무채색의 건조한 색보다는 동적 환경색채가 사람들의 마음을 따뜻하게 하고 즐겁게 만들어야 한다. 대부분 사람들이 전통이라는 단어를 접하게 될 때 그들은 막연한 향수를 느낀다. 전통성을 나타내는 것에 대해서도 큰 반대를 하지 않는다. 전통이란 우리의 피 속에 연연히 이어져 내려오는 유진자이며 나의 뿌리이며 근원이기 때문일 것이다.

전통성은 오랜 세월을 통해 다수의 사람들이 받아들이고 있는 것이다. 또한 많은 사람들이 추구하는 그 어떤 것을 의미한다. 이런 연유로 그 동안 전통색채를 현대화하려는 시도가 여러 번 있었다.

우리는 지금도 옛날에 지어진 건물에서 마음이 푸근해짐을 느낀다. 이는 건물의 형태와 함께 그것의 색채가 우리에게 전달하는 감성때문일 것이다. 전통색채를 현대화하기 위해서는 많은 연구가 따라야 한다. 하지만 전통 색채의 방향을 현존하는 전통 건축물에서 일부 찾아볼 수도 있을 것이다. 물론 대부분의 현대적 건물이 상업화된 탓에 옛날의 아름다운 맛을 고스란히 느낄 수 없다. 그러나 이것 말고는 달리 뾰족한 방법이 없지 않은가?

안동의 하회 마을의 주택과 마을 경관은 그 특성상 우리 전통 문화의 색채적 본질이 담겨 있다. 여기에는 오방색이 담겨져 있지만 드러내는 색은 은은하다. 전통색채라고 해서 오방색과 같은 강한 색을 쓰는 것을 흔히들 생각한다. 그러나 오방색 자체는 환경색채에 적합한 색이 아니다. 오방색을 현대화할 수 있는 방법이 옛 전통 건축물에 담겨져 있다.

우리 문화를 반영하는 디자인이나 건축물을 만드는 것은 매우 중요하다. 세계화의 파고 속에서 세계는 하나로 되고 있지만, 그렇다고 하여 전 지구의 문화가 하나의 문화로 통일되는 것을 원하는 사람은 없을 것이다. 오히려 이런 때일수록 세계화의 방향에 맞추면서도 지역화를 표방하고 문화적 정체성을 강화시키는 게 옳을 지도 모른다. 봉정사의 단청에서 나타나듯, 우리에게는 분명 서구와는 다른 차별화된 색채 문화가 존재한다. 이러한 색채문화를 환경에 표현할 수 있을 때 우리의 색채 환경은 더욱 발전할 수 있다. 우리는 막연히 주거 건축의 환경색채가 잘못되었다고 생각한다. 하지만 실제로는 색채 계획 전문가가 만든 좋은 환경색채도 많이 있다. 물론 강한 이미지의 색채를 사용하면서 그 지역의 특성과 조화되지 않고 건물이 독립적으로 있는 경우도 있다. 환경색채를 사용할 때는 자연과 조화를 이루어야 할 지, 아니면 자연에 대해 대비를 둬야 할 지를 환경색채 계획 단계에서 결정해야 한다. 일반적으로 주변 환경색채와 조화를 이루는 것이 실패를 줄이는 방법이다. 특히 요즘처럼 친환경과 웰빙의 중요성이 높아지는 상황에서는 더욱 그러하다.

그러나 여기에도 한 가지 정답만이 있지 않다. 왜냐하면 색채의 컨텍스트에 따라 환경색채를 결정하여야 하기 때문이다. 여기에서 한 가지 질문을 던져본다. 왜 아파트 주거 단지에 사는 사람들이 자신의 거주 공간에 대한 만족도가 높지 않을까? 그 이유는 여러 가지가 있겠지만 우선 두 가지로 요약할 수 있다.

첫째, 색채의 문제라기보다는 주거 형태의 문제이다. 둘째, 아파트 주변에 즐비한 상가들을 살펴보면, 건물의 외벽을 거의 간판으로 채웠다고 해도 과언이 아닐 정도로 다양한 간판들이 범람한다. 간판이 건축의 외관을 거의 모두 채우는 상황에서 진정한 건축 문화는 있을 수 없다.

고객을 중요하게 생각한 건설회사에 의해 만들어진 주거 단지의 외관 색채가 별다른 문제가 없는 듯 보인다. 그러나 색채를 활용해 주거 단지의 정체성을 구현하지 못하고 있다는 점은 분명한 문제점이다. 우리의 공동 주거 건축의 색채는 일반적으로 페인트색에 의해 결정된다. 그러나 이보다 더 좋은 것은 재료의 색채에 의해 건물의 색을 결정하는 것이다 거주자의 정체성을 표현할 수 있고, 또 문화적 전통의 상징성을 표현할 수 있을 때 거주자는 만족하게 되며 삶의 활력을 얻는다.

(주)한솔 홈데코의 익산 공장은 인간적인 친근함이 있어서 좋다. 이처럼 공장이라고 해서 반드시 딱딱하고 기계적인 이미지일 필요는 없다. 오히려 공장에서 항상 위험과 재해와 싸워야 하는 긴장감을 갖고 일하는 사람들이 편안하게 느낄 수 있는 환경은 일종의 휴식처이며 안식처이다. 그러나 뭐니뭐니해도 공단의 환경색채는 안전과 작업능률이 최우선이다.

다시 말해, 공장은 일하는 사람들이 작업 시 단 한 순간의 방심을 갖지 않

(주)한솔 홈데코의 익산 공장 전경 사진

도록 색채환경을 갖추는 것이 중요하다. 따라서 공장의 환경 색채는 작업능률을 높이면서도, 인간적인 환경을 제공할 수 있는 그런 환경이어야 한다.

다른 지역과 달리 농촌 지역만큼 우리의 환경 색채를 손쉽게 보여주는 지역도 없는 것 같다. 농촌 지역은 주로 자연의 아름다움으로 채워져 있다. 따라서 농촌 지역은 주변환경과 차별화된 이미지보다는 자연 경관과 잘 어우러지는 환경색채에서 제대로의 멋을 낼 수 있다.

우리 조상들 역시 자연과 잘 어우러지는 전통 건축을 만들어 왔다. 초가집과 같은 주거 건축이 대표적이다. 초가집은 그 모양이 그리 복잡하지는 않지만, 그것만의 독특한 아름다움이 존재한다.

서울의 간판

　　그러나 경제개발의 일환으로 새마을 운동이 본격화되면서 근대화된 새마을 주택이 대신하게 되었다. 새마을 주택은 지붕을 특정 색채로 강조하거나, 자연과의 조화를 전혀 꾀하지 않았던 강한 이미지의 주택이다. 새마을 주택의 이미지는 우리를 심리적으로나 시각적으로 편안하게 만들지 못한다. 무엇보다 이러한 부자연스러움은 우리 농촌과 맞지 않다.

　　페덱스라는 세계적인 물품 배송 회사는 배달된 물건이 눈에 잘 띌수 있게 색채의 부조화를 이룬 마케팅에 성공했다. 그러나 우리 농촌에서 이러한 색채 부조화는 적절하지 않다. 유명한 근대 건축가 프랭크 로이드 라이트는 '건축은 자연의 일부'라고 생각했다. 그는 건축을 마치 대지의 일부로 생각했다. 우리의 농촌도 자연의 일부이다.

일산의 아파트

김포공항　　　　　　　　　미술관의 벽, 리움 미술관, 장누벨　　　　　　　　고 미술관, 리움 미술관, 마리타 보타

다행히 최근 들어 우리의 아름다운 자연 경관을 걱정하는 목소리가 높아지고 있다. 농촌의 초가집이 현대 사회와 더 이상 맞지 않아 현대화된 주택이 들어서야 한다면, 이를 짓되 자연 경관과 어우러지는 형태와 자연과 조화를 이루는 환경 색채를 표현하는 것이 필요할 것이다.

예를 들어, 어떤 사람은 현재처럼 여러 개의 색이 사용되는 지붕을 동일한 색으로 통일하자는 의견을 내고 있다. 이탈리아 피렌체의 언덕에 올라가 도시를 보면, 도시 전체가 붉은 색으로 물들여져 있는 듯한 느낌을 받는다. 여기에서 우리는 색채 이미지에 압도당한다. 색채의 통일성을 보여주는 지역적 환경색채는 사람들에게 조금 더 가까이 다가갈 수 있다. 전라도나 충청도 그리고 경상도 어디에 가더라도 똑같은 환경 색채가 아닌 각 지역 문화를 적절하게 반영한 지역색이야 말로 우리가 쫓아야 할 색채 방향이다.

자연과 잘 어우러지는 건축물의 이미지에서 사람들은 편안함을 느끼고 우리가 어떻게 살아야 할지를 생각하며, 다른 사람들을 배려할 수 있는 넉넉함을 갖는다. 오늘날 우리는 정보화 시대를 살고 있다. 그러나 정보화 사회의 기술이 만드는 환경은 우리의 심성을 메마르게 만든다. 만약 인공 환경과 기술이 인간성을 메마르게 만든다면 이에 대한 해법은 자연 환경에서 찾아야만 할 것이다.

이집트의 색

이집트의 색은 아직도 종교적인 관점에 머물러 있다. 종교적인 관점에 머물러 있다고 하니까 마치 이집트의 색채가 열등한 것과 같은 뉘앙스를 풍기는 것처럼 들릴지도 모른다. 그러나 종교적으로 산다는 것은 세속에 물들지 않고 정신적인 것을 많이 추구한다는 것을 의미한다. 육체보다 정신이 더 먼저라고 흔히들 말한다. 이집트에는 정신적인 풍요로움이 있다. 우리의 눈에는 가난에 찌들어 못사는 것처럼 이집트가 보일지 모른다. 그러나 이집트에는 우리와는 다른 가치관이 있다. 이집트하면 초록색과 생명을 상징하는 것으로서 빨간색 사막의 황토색을 연상하게 된다. 세계 최대 길이의 강이라는 나일 강의 푸른 물줄기를 연상하게 된다. 이집트와 달리 세계적인 문화유산이 적은 우리가 후손들에게 물려줄 것은 무엇이고 또한 후손들이 우리들을 위대한 조상이라고 생각하기 위해서는 우리는 무엇을 해야 하나?

여하튼 저마다의 특색을 갖고 나름대로 도시의 특성을 키워가는 그런 도시들은 사람들의 많은 부러움을 산다. 물론 이렇게 얘기한다고 해서 한국이 특색이 없다는 것은 아니다. 다 그 나름대로 특색이 있고 서울도 나름대로 도시특성을 갖는다. 서울의 도시특성을 서구의 관점에서 보고 그저 열등한 것으로 치부하는 것은 아닐까? 여하튼 이집트에는 고색창연한 고대의 색이 있어 좋고, 푸른 나일강의 물줄기가 있어 좋다. 나일강은 세계에서 가장 긴 강이다. 테베 서쪽의 왕가의 골짜기는 많은 파라오의 무덤이 있으며 오페라 아이다의 배경이 되었던 누비안 마을이 아직까지도 존재한다. 누비안인들은 이집트 남부에서 한때 찬란한 문화를 번성시켰었다.

카이로 나일강 강변

왕가의 골짜기, 테베 서쪽 누비안 빌리지, 이집트

파리의 색

파리는 전통과 현대가 공존하는 도시이다 파리에는 중세의 느낌과 최첨단의 현대적 경험이 공존한다. 파리에는 중세에 지어진 노트르담 사원이 있으며, 파리 시민에게 휴식과 공연 그리고 관람 문화를 펼치는 라 빌레트 공원, 세계의 문화 보물 창고로 알려진 루브르 박물관, 새로운 신도시의 라 데팡스, 현대 미술관인 퐁피두 센터 등 수 많은 명소가 있다. 이 중에서 퐁피두 센터는 파리를 찾는 관광객들이 가장 즐겨 찾는 곳이다.

퐁피두 센터는 프랑스의 국가 이념인 자유, 평등, 박애를 상징하는 파랑, 빨강, 하양의 색을 볼 수 있는 건물이다. 프랑스의 독립 200주년을 기념하여 제작한 '레드, 블루, 화이트' 역시 프랑스를 상징하는 색을 영화에 담은 예술성이 높은 작품이다. 퐁피두 센터는 얼핏 보면 마치 정유 공장과 같다. 사람으로 따지면 내장 기관과 같은 건물의 배관 및 내부를 보여준다. 내부를 가리지 않고 사람들에게 노출시킨 것을 본질의 중요성을 강조하고자 했던 건축가의 생각 때문이다.

퐁피두 센터는 색채를 적극적으로 활용한 대표적인 건물이다. 건물의 각종 배관의 색을 노랑색과 파랑색, 초록색 등으로 구분하고 있는 것도 눈에 띈다. 안전을 뜻하는 노랑색은 전선, 물을 나타내는 녹색은 수도관, 공기를 뜻하는 청색은 환기구

라데팡스, 파리　　　　　　　퐁피두 센터 주변, 파리　　　　　　　베르시 운동경기장, 파리

를 상징한다. 또한 에스컬레이터 경사면은 붉은 색으로 처리되었다. 한마디로 퐁피두 센터는 파리를 대표하는 건축물로, 원색을 사용함으로써 프랑스를 찾는 사람들을 강한 이미지로 압도 한다. 나아가 흰색으로 통일성을 부여한 에너지가 넘치는 흥미로운 건축물이다. 이처럼 미술관과 같이 기념비적인 건물은 동적인 색채를 사용하는 것이 좋다고 생각한다. 퐁피두 센터하면 조지 오웰의 1984년이 생각난다.

파리에서 여러 가지 그림을 팔고 있는 파리의 가게들은 파리를 낭만적인 도시로 만든다. 이러한 그림 가게를 만날 수 있다. 그림 가게를 지날 때, 거리에 흘러 퍼지는 샹송은 파리에 있음을 실감하게 만든다. 우리나라에서도 익히 알려져 있는 케런 앤의 '오월의 마지막'을 들을 수 있다면 행복은 극치에 달할 것이다.

이처럼 특정 지역의 색채 특성을 알기 위해서는 그 지역에서 활동한 예술가의 작품을 이해하는 것이 필요하다. 파리는 20세기 예술의 본산으로 불린다. 파리에서 활동한 예술가는 그 수를 셀 수 없을 정도로 많다. 피카소는 물론이고 마네, 모네 같은 인상주의 화가들도 파리를 거점으로 활동했다. '근대 조각의 창시자'로 불리는 로댕도 빼놓을 수 없다.

미술가들은 피카소의 초기 작품을 '청색 시대'로 대표해 부른다. 이 때, 피카소는 청색을 사용해 암울한 내면의 세계를 표현하고, 죽음에 대한 번민과 고뇌를 표현했다. 물론 청색이 부정적인 느낌만 있는 것은 아니다. 예로부터 청색은 하늘의 색으

파리의 거리　　　　　　　　　라데팡스　　　　　　　　　베르사유 궁전

로, 사람들이 희망이나 비전을 상징하고 싶을 때 사용해 왔다. 고흐는 노란색을 즐겨 사용하는 대표적인 작가다. 고흐가 노란색을 사용한 것은 태양의 색을 상징하기 위해서였다. 고흐는 태양 빛을 통해 자신의 병을 치유하고 싶은 열망을 가졌다. 최근 저명한 과학자들이 한두 시간 정도 태양빛을 받으면 건강에 좋다는 이야기를 하는 것을 보면 그의 생각이 전혀 근거가 없었던 것은 아닌 것 같다. 여하튼 이름만 들어도 알 법한 유명한 예술가, 즉 색채의 마술사들이 모여 살았다는 사실만으로도 우리는 파리에 열광한다. 자신이 머물렀던 지역에서 느꼈던 감정을 그림에 표현한 화가에 우리는 열광하게 된다.

암스테르담의 색

암스테르담은 항구도시여서 그런지 왠지 모르는 애절함이 느껴진다. 왜냐하면 항구에는 많은 사람들이 이별 이야기가 있으니까. 네덜란드는 협소한 면적의 국토로 인해 공동 주택이 발달되어 있다. 전체적인 국민성은 독일을 많이 닮았지만, 창의성과 도전정신만큼은 독일 사람들과 사뭇 다르다.

보통 항구에서 쉽게 볼 수 있는 것은 흰색이다. 바다의 파란색과 잘 어울리는 흰색은

암스테르담   로테르담   유트레흐트

시원한 느낌을 더해 준다. 흰색은 순수 또는 위생적인 느낌을 가져다 준다. 흰색에는 깨끗하다는 느낌이 있다. 실제로 이러한 느낌 때문인지 몰라도 건물에 흰색을 사용한 예는 쉽게 찾을 수 있다. 빌라 사보아 주택과 리트펠트의 슈뢰더 하우스 그리고 리차드 마이어의 스미스 주택이 대표적인 예다.

세계적인 건축가 르 꼬르뷔지에는 순수성이나 완벽성을 표현하기 위해 건물에 흰색을 이용했다고 한다. 흰색을 완벽하다고 보는 이유 중 하나는 빛의 삼원색을 혼합할 때 만들어지는 색이기 때문이다. 흰색이야말로 모든 색을 포함하고 있는 완벽한 생이다. 가전 제품을 살펴보더라도, 흰색은 세탁기나 냉장고 등에 흔히 사용되고 있다. 이는 위생적인 면을 상징하는 흰색의 특성 때문일 것이다. 화장품의 용기나 화장품 자체를 보더라도 흰색이 많은 것을 보면, 흰색은 청결하고, 깨끗하며 치유하는 의미를 내포한다. 네덜란드인은 오렌지색과 노란색을 즐기는 듯 싶다.

베를린의 색

독일은 통일 후 수도를 베를린으로 옮겼다. 그 후, 독일은 베를린에 엄청난 예산을 들여 새로운 도시를 만들고 있다. 베를린에는 다니엘 리베스킨트의 유대인 박물관이

국립 미술관, 베를린, 미스 반 데어 로에   스타벅스, 베를린   도시풍경, 베를린

있으며, 노만 포스터가 설계한 국회 의사당, 헬무트 얀의 소니 센터, 알도 로시의 공동주택, 미스 반 데어 로에의 국립 미술관, 한스 샤로운의 베를린 필하모니 등의 유명한 건축물이 많이 있다.

노만 포스터가 설계한 돔의 라이크스탁(국회의사당)은 만인들에게도 공개되고 있다. 베를린의 랜드마크적인 건물로서 최첨단 건축 자재가 사용되었고, 베를린 시내를 한눈에 볼 수 있다는 점 때문에 수 많은 사람들이 오랜 시간을 마다하지 않고 줄을 선다. 사실 베를린의 국회의사당은 색채를 사용한 건물이라고 보기에는 어렵다. 그보다는 역사적 건물로서 풍상이 지나온 흔적과 역사가 있는 건물이다. 또한 옛 건축물에 현대적 양식의 새로운 돔을 얹어 과거와 현재를 보여주는 건물이다. 그러나 이 건물은 전체적으로 투명한 색을 사용함으로써 주위의 건물과 크게 두드러지지 않는 배경과 같은 역할을 한다.

만약 세상의 모든 건축가들이 저마다 자신이 설계한 건물만을 돋보이려고 강한 색을 사용한다면 궁극적으로 그 도시의 환경색은 어지럽고, 통일성이 없는 경박한 색으로 바뀔 것이다. 좋은 환경색은 적은 색채를 사용함으로써 가능하다는 것이 필자의 생각이다.

미스 반 데 로에의 국립미술관은 수평의 검은색 철골이 돋보인다. 검정색은 죽음을 표방하기도 하고, 세련됨을 나타내기도 한다. 검정색을 보면 왠지 무게가 있

베를린의 거리

고 안정되어 보인다. 수평색을 강조한 미스 반 데 로에에게 검정색이야말로 이 미술관에 잘 어울리는 색이었을 지도 모른다. 미니멀리즘으로 표현되는 안도 타다오의 건축의 뿌리 역시 미스 반 데 로에의 건축 정신에서 비롯되었을 것이다.

검정색은 색채를 적게 사용하고 단순성을 표방하기 위해 선택된다. 어떻게 보면 환경색채의 원리는 다양한 색을 사용하는 포스트 모더니즘의 건축 원리보다, 절대성을 강조하며 흰색과 검정색을 주조로 하는 근대 건축에서 찾아야 될 지도 모른다. 미스 반 데 로에의 "Less is more"라는 어록은 환경색채에 많은 의미를 내포한다. 즉, 한두 가지의 색을 사용해 좋은 환경색채를 만들 수 있음을 시사한다.

일본의 색

일본하면 가장 먼저 떠올릴 수 있는 색이 빨간색이다. 빨간색을 중심으로 조성된 후쿠오카의 상가 거리는 활력이 넘친다. 이처럼 활력이 넘치는 거리에서 우리는 삶의 여정과 생생한 사람 냄새를 느낄 수 있다. 사람들에게 삶의 즐거운 경험을 제공하는 가로 환경 역시 우리의 삶의 질을 더욱 높여준다.

아케이드의 가로 환경색을 살펴보면, 붉은색 계열이 주도하고 있다. 물론 명동

후쿠오카   록본기 힐즈

등 우리 나라의 상가 거리 역시 일본과 같이 밀집되어 있다. 그러나 우리와 달리 일본의 간판 문화는 상점이 밀집한 것을 감안해 활기찬 분위기를 연출하면서도 채도를 낮추어 통일된 느낌을 주려는 듯하다. 일반적으로 오렌지색은 입맛을 돋우고, 창의적이며 발랄한 느낌을 준다.

건물의 색과 달리 상점은 활기찬 느낌을 주어야 하기 때문에 다양한 색을 사용하거나, 밝은 색으로 배색을 하게 된다. 사람들이 기분좋게 걸을 수 있는 보행 거리를 만드는 것은 도시 공간의 질을 위해 필수적이다. 지역색은 걸으면서 느끼는 색이다. 따라서 걷는 사람에게 즐거움을 주는 색채를 연구하는 데 있어 일본의 경우처럼 유사색의 조화나, 유사톤의 색채 조화를 고려하는 것도 필요할 것이다. 특히 톤의 조화는 다양한 색을 사용하면서도 통일성을 줄 수 있어, 환경색채 계획에서 많이 활용된다.

록본기 힐즈   주택 공원   산토리 뮤지엄, 타다오 안도

환경색채가 무엇이고 색이 우리들의 마음을 어떻게 좌우하고 또한 도시의 색채 특성은 어떠해야 되나? 우리의 색채 미래의 방향은 르네상스의 다음으로 이어지는 신 르네상스를 만들고 신 르네상스를 통하여 신 인본주의를 꽃피우는 것으로 설정되어야 할 것 같다. 우리나라 사람뿐만 아니라 외국 사람들도 한국의 환경색채가 아름답다고 말하지 않는다. 다만 한국에는 전통적인 고궁이 있고 아름다운 자연이 있을 뿐이다. 아름다운 전통과 자연을 이어받은 우리들이 그 주변환경에 걸맞은 환경을 만들지 못하였다면 그것은 우리의 책임이다.

환경색채를 성공적으로 활용할 수 있는 방법은 무엇보다도 인간을 이해하는 것이 우선적으로 되어야 한다. 인간을 심리적으로 이해하고 인간이 과연 무엇을 원하며 인간의 미래가 무엇인지를 생각하면서 환경색채의 방향을 정해야 한다.

환경색채를 통하여 건강을 추구할 수도 있고, 정신적인 풍요로움을 꾀할 수도

누비안 빌리지   라빌레트공원, 파리   유트레흐트

있다. 색채는 이성적인 것이 아니라 감성적이다. 21세기는 그야말로 감성의 시대이다. 그러한 감성은 인간을 소중하게 생각하고 인간을 중심에 둔다. 좋은 환경색채 계획이라는 것은 인간이 좋아하는 환경색채일 것이다. 좋은 환경색채를 만들기 위하여 자본주의에 물들어 경제성과 합리성을 표방하고 기술만을 중시하면서 인간을 배제하여서는 절대적으로 좋은 환경을 제공할 수 없다. 인간과 기술의 만남, 인간과 이성의 만남을 통하여 통합되고 혼합된 새로운 환경! 이것은 우리 모두가 기대하는 유토피아적 공간이다.

흔히들 유토피아적 공간이 저 멀리 있다고 생각한다. 그러나 유토피아 공간은 우리 가까이 있다. 국제 갤러리 지붕의 사람은 우리들에 무언가를 암시한다. 아트비즈니스 센터는 일과 예술이 통합된 신선한 공간이다. 갤러리아의 야경은 마치 숙녀가 멋진 옷을 입은 듯하다. 맛집이 모여있는 종로거리는 사람들의 발걸음으로 활기차다. 성남 아트센터의 아트리움은 동굴을 지나는 듯한 멋을 풍긴다. 함열마을의 돌담은 왠지 모르게 마음을 편안하게 한다. 아무리 찾아도 싫증나지 않는 봉정사, 강화도의 석양은 우리들을 황홀감의 공간으로 인도한다. 서울의 골목길에는 정겨운 삶의 이야기가 있다. 그것은 우리들의 추억의 공간이다. 추억의 공간을 되살린 청계천에서는 오늘도 새로운 이야기가 펼쳐진다. 이 모두가 유토피아의 공간이 아니겠는가? 이러한 유토피아의 공간이 더 많이 생기면 생길수록 우리 대한민국은 문화강국으로 더 가까이 다가갈 것이다.

베를린　　　　　　　　　　요코하마 터미널　　　　　　　　　　베를린

국제갤러리   아트 비지니스 센터   갤러리아 백화점

종로거리   성남 아트 센터   함열마을

봉정사 돌계단   봉정사 마당   봉정사 극락전

강화의 석양   60, 70년대 서울의 골목길   만화가게

정비된 청계천 상점 간판   청계천의 수공간

청계천의 벽화